中国高校"十二五"数字艺术精品课程规划教材

DIGITAL PAINTING DESIGN

曲文强／编著

数字绘画设计

中国青年出版社

图书在版编目(CIP)数据

数字绘画设计 / 曲文强编著. — 北京: 中国青年出版社, 2014.1(2025.2重印)
中国高校"十二五"数字艺术精品课程规划教材
ISBN 978-7-5153-2091-5

I.①数… II.①曲… III.①图形软件—高等学校—教材 IV.①TP391.41

中国版本图书馆CIP数据核字(2013)第285084号

侵权举报电话

全国"扫黄打非"工作小组办公室　　　中国青年出版社
010-65212870　　　　　　　　　　　010-59231565
http://www.shdf.gov.cn　　　　　　　E-mail: editor@cypmedia.com

数字绘画设计
中国高校"十二五"数字艺术精品课程规划教材

编　著：	曲文强
编辑制作：	北京中青雄狮数码传媒科技有限公司
责任编辑：	刘稚清　张军
策划编辑：	付聪
书籍设计：	六面体书籍设计　彭涛　郭广建
出版发行：	中国青年出版社
社　址：	北京市东城区东四十二条21号
网　址：	www.cyp.com.cn
电　话：	010-59231565
传　真：	010-59231381
印　刷：	天津融正印刷有限公司
规　格：	889mm×1194mm　1/16
印　张：	14
字　数：	290千字
版　次：	2014年1月北京第1版
印　次：	2025年2月第9次印刷
书　号：	ISBN 978-7-5153-2091-5
定　价：	59.00元

前　言

随着我国经济及科技的健康发展，国民的文化需求日益增大，在满足人们精神生活需求的文化创意产业成为社会关注热点的背景下，数字娱乐产业作为时尚消费文化的主体之一，因其显著的经济效益和社会效益被社会越来越重视。

纵观全球数字娱乐产业发展现状，发达国家的数字娱乐产业无疑走在了我们前面，他们的影视娱乐产品之所以能够在世界范围内盛行，除了成熟的市场运作外，最重要的在于他们能够结合时代的消费特点，创造既国际化又本土化的视觉影像和故事情节。令人遗憾的是，由于国内游戏影视、动漫产品原创性较弱，国外娱乐产品目前占据了中国市场的半壁江山，并对中国年轻一代观众产生了较深的影响。

近年来，国家对于影视游戏和动漫产业的扶持政策已经取得了明显的成效，但是现阶段我国娱乐产业的发展仍然存在诸多问题。其中，缺乏原创设计人才是首要问题，而数字娱乐设计教育是制约发展的根本问题。解决现存问题的有效途径之一，就是通过高等院校的数字绘画设计专业教育，大力培养了解国际娱乐设计前沿及当代娱乐设计发展趋势、掌握数字传媒技术、深刻理解中国元素并具有创新能力的数字绘画设计与制作的专业人才。

目前，我国数字绘画设计人才的缺口主要有两个方面：一个是缺乏高端的专业创意人才，另一个就是缺乏应用型实践人才。游戏、影视、动画和漫画等娱乐行业对高素质、职业化设计人才的需求，给数字媒体教育的发展提出了更高的要求。为适应社会需求，全国各高校纷纷建立了数字多媒体相关的学科和专业，但由于这门学科刚刚起步，大家对于数字绘画设计教育的认识、学科构建和课程建设都处于探索之中，所以还存在数字绘画设计专业课程教学不够系统、实践环节缺乏、教学手段单一、科研支撑不够、高端研发与市场对接不足、项目教学课程创新少、缺乏针对性等诸多问题。在硬件建设上，也存在着教学设备以及实验室建设投入不足等问题。因此，数字绘画设计专业的发展方向和人才培养模式仍需要大家的共同探讨和不断完善。

本书是数字绘画设计教育界与动画、游戏、漫画、影视领域业界合作的成果，旨在为快速有效地培养数字绘画设计专业的应用型人才提供合适的教材。本书既包含了传统学院派绘画设计理论，又加入笔者在工作实践中许多创新和突破的理念及技巧，是一本理论与实践相结合的数字绘画设计著作。本书内容全、知识新，能满足课程教学的需要和专业工作要求，体现了行业最新的知识与技能，采用了最新的资料、图片与案例；内容深入浅出，与企业工作实际联系紧密，实用性、指向性强；本书不仅注重教会学生怎么去做，而且注重教会学生如何去思考。

本书系统全面地向学生教授数字绘画基础理论和数字绘画创作设计的整个过程，按照数字绘画专业教学进度编写，教学思路明晰，结构科学合理，项目教学、案例教学资料丰富，把创意表现与技术表现融为一体。

本丛书既可作为高等院校动画、游戏专业的教材，也可作为动漫游戏产业各类培训机构的培训教材，还可作为数字娱乐、动漫游戏爱好者的参考书。希望该书的出版与使用，能帮助动漫与数字媒体专业的学子们和热爱该专业的朋友们在今后的人生中创造出更多的美丽幻象！

CONTENTS

CHAPTER 5
构成形式与设计思维

第五篇：技法篇
CHAPTER 6
绘画技法

第六篇：实战篇
CHAPTER 7
场景绘画技法

CHAPTER 8

人物表现技法

CHAPTER 9

道具设计技法

CHAPTER 10

影视游戏概念设计

第七篇：自学篇

CHAPTER 11

答疑

DIGITAL PAINTING DESIGN

定义篇

CHAPTER 1
数字绘画艺术的概念及其发展

本章运用图文，生动形象地讲解了什么是数字绘画、其与传统绘画的区别，以及此行业的发展、前景，并针对此专业的读者提供了职业规划指导。文中对从传统绘画到数字绘画的演变以及行业的发展和需求都做了详细的阐述，让读者能够真正了解这一领域，热爱这一行业。

本章概述

数字绘画艺术概述、特点以及行业发展，从业规划。

本章重点

认知数字绘画，了解数字绘画行业需求。

1.1 数字绘画概述

数字绘画是CG领域中的一种绘画形式，通俗地讲就是用电脑绘画。CG是"Computer Graphics"的英文缩写，中文意思是"计算机图形学"，即通过运用相应的电脑软件和数字绘图工具，在电脑上进行创作的艺术设计形式。随着电脑、软件以及相关绘图工具的普及与发展，人工加智能的数字绘画技艺不断被人们所认识和掌握，并开始在行业内运用和普及。

数字绘画方便快捷，多被用于商业插画和娱乐设计等商业艺术领域中。数字绘画常利用电脑主机、键盘、鼠标、显示器和数位板以及相应的软件如Photoshop、Painter等进行绘画，当下的智能手机、平板电脑等也都可以用来进行数字绘画。数字绘画作品是数字化了的图形，具有存储自如、可以复制、易于修改、比传统绘画高效、携带方便、不会变质等特点。如今在当代艺术迅速发展的浪潮下，数字绘画开始登上了艺术舞台，成为绘画门类中的一员。数字绘画与传统绘画是继承与发展的关系，即数字绘画并不是完全取代传统绘画，而是拓展了传统绘画领域。

计算机硬件技术的不断革新为CG艺术家提供了极大便利。例如，1983年Wacom公司推出了数位板和压感笔

（图1-1），这在改善人与计算机的关系方面无疑是革命性的。由于解决了技术上的难题，现在的压感笔既不用装电池，也不用连导线，就像一支最普通的画笔那样参与艺术家和设计师的许多日常创作。从最初的CAD，到后来的CG绘画，甚至《泰坦尼克号》（Titanic）等电影的制作，都离不开压感笔的身影。压感笔这个称号可谓名副其实：根据使用者力度的微妙变化，可以在屏幕上画出或浓或淡的线条。20世纪90年代中期，数位板和压感笔来到了中国，激发了一大批美术爱好者的创作热情。如今，在平面设计、二维和三维动画领域，数位板和压感笔已成为艺术家们视觉和造型的表现利器。由此可以说，是技术的革新引发了视觉艺术的革命。

早在20世纪70年代，制作电影《星球大战》（Star War）的特效公司——Industaial Light and Magic（简称：ILM，工业光魔），便运用了很多CG数字图像技

■ 图1-1

■ 图1-2

术。图1-2和图1-3便是较早使用Photoshop绘制的电影概念设计图。如今，我国的CG绘画技术也已经接近国际水准了。

数字绘画的应用范畴几乎涵盖了依托计算机技术的所有视觉艺术创作活动，如平面设计、网页设计、三维动画、影视美术、影视特效、游戏、多媒体技术以及计算机辅助设计和建筑设计等。随着计算机软硬件技术的发展，CG领域中的三维动画技术日臻完善。1995年，世界上第一部全三维动画电影《玩具总动员》（Toy Story）问世。随后CG绘画在各个视觉艺术创作领域，成为现代影视制作中不可或缺的部分，CG产业也发展成为一个独立的经济产业。图1-5是三维动画《勇敢传说》（Brave）的CG概念设计。

下面来看一下不同题材、画风、表现方式不同的插画作品，这些作品应用在不同的商业领域，服务于不同的消费人群，因此插画风格截然不同。图1-6为幽默漫画式插画作品，图1-7为传统风格插画作品，图1-8为日本动画细腻的视觉效果图，图1-9为日韩式动漫人物形象设计，图1-10为日本CG艺术家绘制的欧美风格漫画，由此可见国际数字绘画风格的多样性。再看图1-11所示的写实梦幻的游戏视觉设计图，这样细腻真实的概念设计是CG绘画的高端水平。当然数字艺术家中少不了个性张扬的创作者，如图1-12中反映出的就是创作者自成一派、张扬洒脱的绘画风格。此外，还有诡异另类的作品类型。例如图1-13所示的作品充满诡异阴暗的幻想风格，为"异形之父"H.R.吉格尔（H.R.Giger）创作出的黑暗幻想世界。

数字绘画视觉艺术为我们的生活增添了无穷的乐趣，使艺术观念也产生了巨大的变革，为当代社会积累了宝贵财富。设计者们应在学习技术的同时不断加强艺术修养，两者缺一不可，只有这样才能做出真正的精品。中国CG产业还处于起步阶段，如何在充满机遇与挑战的国际CG技术大形势中找到属于国人自己民族的CG出路，展现"中国CG艺术"辉煌，对我们CG数字绘画者而言，是更大的挑战。

■ 图1-3

■ 图1-4

■ 图1-5

图1-4_电影概念设计工会数字绘画作品。该作品通过数字绘画技术，绘制
出一幅凄美悲壮的画面。昏暗的气氛笼罩着盛大的游行队伍，暗示着一场
悲剧即将发生

图1-5_电影《勇敢雄心》的概念设计图，皮克斯作品

图1-6_贾森·塞勒（Jason Seiler）人物插画作品。他插画中的人物描绘
非常写实，能巧妙地捕捉角色独特个性的细节，并用夸张手法进行放大，
以取得幽默的效果

■ 图1-6

图1-7_电影《指环王》（The Lord of the Rings）的手绘概念插画。该作品以传统绘画的方式，描绘出静谧、和谐的夏尔村庄的生活场景。朴实的画风，自然的描摹让人亲近舒服

图1-8_宫崎骏动画《哈尔的移动城堡》（Howl's Moving Castle）设定赏析，画风细腻华美，金黄色和朱红色营造出典雅华丽的殿堂，晶莹闪烁的光令人陶醉

■ 图1-7

■ 图1-10

■ 图1-9

■ 图1-12

■ 图1-11

图 1-9_图为日本新锐插画家redjuice的作品。其日韩画风深受亚洲地区受众人群的喜爱，塑造的人物拥有可爱甜美的造型，深深打动着大家

图 1-10_咨井淳作品，他能驾驭很多绘画风格，作为日本人的他本就擅长于日韩式风格，同时又能绘制欧美漫画。这幅画是典型的欧美漫画风格，其光影结构严谨，体积感塑造强烈，黑白对比强烈，这些又都是欧美漫画的特点

图 1-11_游戏《刺客信条》（Assassin's Creed）的CG写实视觉效果图。绘制逼真细腻，游戏画面直逼影视画面效果，画面中柔美的夕阳光晕极具感染力

图 1-12_英国插画师拉斯·米尔斯（Russ Mills）无疑是个天才，他的插画以传统艺术形式与数字图像相融合产生的效果为特点，将严谨的人物肖像结构与潇洒奔放的笔触巧妙结合，带给观众不同的视觉感受

图 1-13_手绘幻想艺术作品，"异形之父" H.R.吉格尔——黑暗艺术的创作者——运用独特的视角展现其内心的精神世界，为世人带来了别样的精神享受

■ 图1-13

1.2 数字绘画与传统绘画的区别以及艺术与技术关系的探讨

数字绘画在经历了最初的怀疑、摸索和试探阶段后，逐渐被人们所接受并被广泛应用。下面讲解一下数字绘画和传统绘画的区别。

与数字绘画相比，传统绘画艺术家追求的是绘画颜料与纸张接触的快感，强调精神层面的探究和享受。传统绘画的种类虽然有很多，但却有一点是共同的，就是都是手绘的，强调创作者和绘画材料之间的关系。

传统绘画是史前人类在劳动和祭祀中探索出的一种表达方式，在发展过程中发挥着记录生活、抒发心情、沟通交流的作用。

文艺复兴时期的绘画艺术达到了一个顶峰，艺术家对形体的把握和创造达到了极至。但由于文艺复兴后期皇家学院派的呆板守旧，绘画艺术逐渐没落。17世纪，巴洛克艺术活跃兴起，人们对精神生活的需求，使当时的艺术创作突破了许多界限，人们不断丰富和完善着绘画中的视觉语言，总结出写实绘画的透视、结构、光影、色彩等理论体系。图1-14、图1-15、图1-16所反映的是不同时期的艺术家表现出的精湛写实功力，以及他们在画作中表达的对精神层面的思考，如对人生价值的思考、对生活的向往、对美好事物的憧憬、对丑陋事物的批判等。

数字时代的到来，丰富了艺术的创作形式。数字绘画的很多观念和传统绘画有着本质上的不同。数字绘画彻底打破了传统绘画对材料的依赖，一切都是建立在数字技术的基础上，在计算机的虚拟空间里进行的。数字绘画的应用更多是在商业娱乐设计领域，越来越多的多媒体影像艺术家将其应用在当代艺术中。图1-17和图1-18为娱乐游戏领域的数字绘画作品。数字绘画除了可以无数次修改、备份、撤销重画外，在绘画步骤、软件技巧、设计思路以及商业工作流程上都与传统绘画不同。

如今数字绘画被广泛接受，给实用美术带来了革命性的变化。以插画为例，数字绘画的应用就已经改变了插画的应用领域。传统插画是用传统的绘画手段来创作的，尽管水彩、油画、彩铅等不同颜料的使用可以使插画更丰富，但却不能给插画界带来更大的变化。数字绘画技术的引入使插画跳出了以往的局限，如利用数字技术可以把图片加进画里面，创作出数字插画特有的效果；又比如光斑金灿灿的效果在手绘中往往很难表达出来，但在数字绘画中却很容易做到。除了书籍插画，其他很多领域现在都有数字绘画的身影，如利用数字绘画技术为影视游戏绘制海报，为包装绘制图画，也可以为游戏做人物设定，为电影场景和人物做特效的绘制，还可以独立创作个人品牌，开发周边产品等。数字插画者们利用网络上传数绘

■ 图1-14

■ 图1-15

■ 图1-16

作品，在提供给人欣赏的同时，也证明了自己的能力，工作会主动找上门来，于是便出现了自由插画家、网络连载漫画家等自由职业者。可以这样说，数字绘画不仅改变了实用美术，更是改变了创作者的生活方式。目前Photoshop和Painter（图1-19）是目前多数国际大师从事商业绘画时的必备工具，本书多数范例也都是运用这两种软件绘制的。

在创作过程中利用软件功能，可以很容易地叠加图片，使其融入画面，还可以利用软件中的相关调色工具，调整不同素材色彩的融合和黑白光影。这些应用在很大程度上都是由创作者自行选取，然后创造性地加以应用，以提高作画效率。

数字化在很多方面给人们带来了便利，这是时代的进步。但这一便利带来的负面影响是人们创造力的减弱。软件开发者把很多绘画效果和调整功能都整合进软件中，这确实给绘画者带来了便利，却也带来了危险。过分依靠软件技术，而导致创作思维的停滞是最危险的。建议大家千万不要过分迷信软件技术，要多观察生活，多吸取大师的艺术精华，追求更高的艺术品位，创造更为新奇的幻想世界，这才是数字绘画的真正的核心。图1-20和图1-21都是技术与艺术完美结合的作品，得到了众人的赞许。

在数字时代，利用计算机软件来绘画，这本身可能不会有太多人置疑，因为这只不过是千百年来绘画发展历史中新的方法出现而已。就像当年照相机问世时，有人说绘画要消亡了，但没过多久，人们发现没有什么能替代绘画本身一样，数字绘画的出现，也不能取代传统绘画，而是丰富了绘画的种类而已。

本书将以艺术创作和商业设计为重点，讲解如何利用灵活多样的绘画实战技巧来创作数字绘画创意作品。

图1-17_ 由《战争机器》（Gear of War）的开发小组 Epic Games 负责制作，Midway 负责发行的游戏《虚幻竞技场3》（Unreal Tournament 3）的概念设计作品，该作品设计构思独具创意

■ 图1-17

■ 图1-18

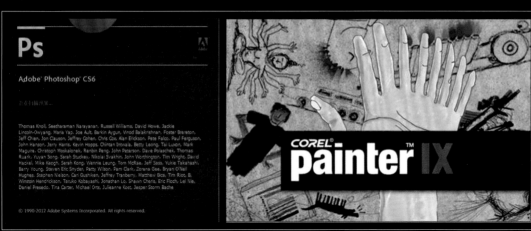

■ 图1-19

■ 图1-20

■ 图1-21

图1-18_游戏《声名狼藉》（Infamous）设定资料赏析。画面视觉效果强烈，特效设计新颖，镜头感强，是非常棒的游戏概念图设计，后期制作人员就是根据这样的概念图来绘制画面效果的

图1-19_Photoshop和Painter的登录界面

图1-20_《星球大战》是技术和艺术结合的典范，其超前的电脑影像技术以及富有想象力的精美画面便是数字技术与艺术完美结合的产物

图1-21_电影《哈利·波特》（Harry Potter）也是技术和艺术完美结合的结晶。国际顶级的电脑特效技术能将任何虚拟的想象世界真实地再现出来

1.3 数字绘画的发展前景

今天，数字技术与艺术的完美结合形成了一股冲击人们日常生活的狂潮，游戏、影视、动漫等娱乐设计产业无疑站在了这股浪潮的最前端。

数字绘画的应用领域也逐渐拓宽开来，涉及到如出版插画、广告插画、漫画、动画、游戏原画以及电影概念设计等众多领域，本书中会逐一讲解各个领域的应用技巧和工作经验。图1-22和图1-23为数字绘画应用的新领域——电影概念设计。

如今CG数字绘画行业发展得如火如荼，越来越多的CG数字插画网站的建立和CG数字杂志的开办，使大量的CG数字绘画从业者涌入到娱乐设计产业中来，游戏公司、动漫公司也经常会高薪聘请CG数字绘画专业设计人才。国内最早从事CG数字绘画的前辈已经有10多年的从业经验，如今依然从事并喜爱着这一行业。CG数字绘画是可以让工作者一生从事的职业，随着工龄的增长、行业经验的积累和能力的提升，个人的价值也可以得到体现。

随着移动新媒体的发展和普及，未来数字应用将更为广泛，与人们生活的关系也会更为密切。手机、iPad智能终端的应用引领着未来的潮流，数字绘画设计也会随之发展和改变，势必会需要大批有创意的数字绘画高端人才。根据笔者研究移动新媒体领域的经验，数字绘画将会为这一新领域提供更多、更丰富的内容。

图1-22_电影《金陵十三钗》概念设计作品——教堂

图1-23_电影《金陵十三钗》概念设计作品——关卡

■ 图1-22

■ 图1-23

1.4 数字绘画师职业生涯规划

数字绘画与插画、漫画、动画、游戏、广告、影视美术、工业设计、建筑设计等艺术设计类行业有着密不可分的联系。因此对于数字绘画相关专业的同学来说，有多种职业方向可供选择，下面将着重介绍游戏原画方向的职业规划。

对于数字绘画专业的同学来说，游戏原画师和插画师是大多数人希望从事的职业，在游戏行业中，这是一个充满魅力和吸引力的职位。

游戏从诞生到现在经历了几十年的发展，并在发展中不断地进化和完善，力求给玩家更真实的游戏体验。抛开娱乐性不说，游戏的音乐、画面、原画这些相对直观的部分都以惊人的速度发展着，不断地给人带来新的视听震撼。就目前的游戏公司简单分为国内和国外两类。国外游戏原画的风格大体分为欧美写实风格和日韩风格，图1-24和图1-25为欧美动漫风格的人物设定，图1-26和图1-27为日韩风格的人物设定。

游戏原画虽然在国内起步较晚，但发展也是突飞猛进。很多游戏公司原画人才不足，而且目前游戏原画从业者多数是从漫画或者动画方面转职过来的，没有受过专业游戏美术设计的培训，还有一部分原画师虽是美术科班出身，有着深厚的美术基础和素养，但普遍对游戏原画行业缺乏了解，所以在与策划人员、程序人员等的沟通中，经常会出现问题。由于游戏原画往往决定了整个游戏作品的风格定位，是游戏开发中极为重要的一个环节，因此就需要大批游戏原画专业人才的加入，这也为国内的一些专职画手创造了新的机会，开拓了新的就业领域。

本书会为对游戏行业有着满腔热忱、欲投身其中的读者深入讲解各个数字绘画应用领域的专业知识，使大家能够轻松学习不同领域的行业经验。相信大家会将自己对CG数字绘画艺术的追求、对所从事行业的热爱转化

为高应用性的商业艺术，体现个人价值，赢得社会认可，获得丰厚的收入，在CG数字绘画行业中开辟出广阔的发展空间。

在校期间，游戏原画相关专业的同学应该更为系统专业地学习数字绘画、游戏原画等课程，同时结合本教材，学习扩充设计绘画知识面，夯实绘画基础，最重要的是要有决心、恒心和激情。希望读者结合本书的讲解，能全面学习和掌握基础素描、造型、透视、解剖、光影、色彩等原理，提高审美水平，积累经验。这些都是未来事业道路发展的基石。

毕业后参加工作，我们的心态要由校园里对梦想的憧憬转换到社会上为生存打拼的现实。这个时期心态都在不断转变，认识到竞争的存在，看事物的角度也会慢慢从单一变为客观全面。对于毕业的同学在就业心态方面的建议

图1-24_国外漫画人物设定。数字绘画在国外各个领域已经发展成熟，该图为数字绘画的漫画人物设计，通过电脑绘画大大提升了画面视觉效果和作画效率

图1-25_韩国网络游戏《洛奇英雄传》(Mabinogi: Heroes) 的人物概念设定。该设计作品人物动作优美，服饰时尚性感，是国内网络游戏需要学习和借鉴的

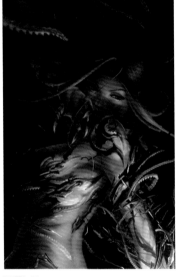

■ 图1-24

■ 图1-25

■ 图1-26

■ 图1-27

图1-26_《信赖铃音：肖邦之梦》
（TrusyBell：Chopin's Dream）
的人物设定。这种日式可爱风格游
戏原画极为盛行，影响着大多数亚
洲地区的玩家

图1-27_《死亡空间》（Dead
Space）游戏的宣传插画欣赏。这
种写实感很强的概念设计图，多见
于欧美游戏影视作品中，其画面明
暗对比强烈，强调视觉冲击的震撼
并有极强的代入感

图1-28_《第八分队》（Section
8）游戏人物原画设计，为国外游
戏项目，部分美术工作外包到中
国，由国内美术团队制作。像这样
跨地域的国际合作会越来越多，对
于国人来说是一个很好的学习机会

图1-29_电影《料理鼠王》（Rata
touille）概念设计欣赏。不少优秀
的国内数字插画师参与了国际动画
制作，这种国内外文化艺术与技术
的相互融合发展是大势所趋

■ 图1-28

■ 图1-29

是思想要从"我能得到什么"转变为"我能提供什么"。

求职就业面临着双向选择，数字绘画专业的同学需要向企业展示自己的才能和最棒的作品，但投简历的作品不宜过多，集中3张到5张能够展示自己水平的画作即可，一定要相信会有公司看中你的。接着求职中的问题出来了：先找大公司还是先找中小公司呢？其实大小公司各有优缺点。大公司制度成熟，高手众多，无疑是学习成长的好地方，并且参与的多数都是如图1-28和图1-29这样的大项目，如果能有幸参与国际合作项目更是难得的机遇。不过，这种公司门槛高，并且对于能力出众的同学有一定的约束，不能够充分地发挥自己的能力。中小公司比较灵活，担任的职务也较丰富，能在尝试实践中探索出学习之道，当然这还需要视个人情况而

定。其实只要有一个学习锻炼的机会就是好事情。

入职后，提升自身价值变成了首要任务。随着工龄的增长，技能、经验的提升，需要提前考虑自己在公司的长远发展。在职原画师的能力分为两种，一是原画设计的业务能力，二是团队协调合作能力。这两种能力决定了原画师未来要走的两个不同的发展方向。建议找到工作的同学应该对自己在职场上的发展早作规划。综合考虑自己的性格、能力、人脉等多种因素，选择好进一步发展的方向。

选择做资深的原画设计师、高级原画设计师，是一个追求更高技术型的发展方向，需要在专业上走得更高、更远。明确自己的职业规划，提升设计水平和制作效率，才能早日成为业内领军人物，参与国际化影视设

计项目，站在更高的平台上，展现自己的艺术才华，设计出如图1-30、图1-31和图1-32的艺术设计作品。

选择做中高层管理者的发展方向的话，将会成为一个带领、管理团队的核心人物，需要具有较强的决策力、沟通能力、管理能力等。中高层管理者的职责主要有：要能够确保美术设计的高品质和一致性；指导美术团队的工作，确定公司产品的美术方向；为美术需求找到解决方案，

指导美术设计师解决疑难问题；建立美术资源管理流程；负责促进美术人员部门内外的沟通，聘用和培训资深的美术人才，开展团队培训和人力评估，保持和提升各产品的制作水平。选择中高层的发展方向，意味着今后将要把大量时间和精力花在与人打交道的事情上，没有更多精力再从事数字绘画，但这是职场上的一个重要职位，有着更大的发展空间。

图1-30_ 电影《变形金刚》（Transformers）的概念设计作品，展现了艺术家的超凡想象力
图1-31_ 电影《阿凡达》（Avatar）的概念设计作品，让全世界人为之惊叹
图1-32_ 电影《阿凡达》的概念设计，为世人展现出一个梦幻般美妙的世界

1.5 给数字绘画职业人的建议

数字绘画专业的同学走出校园进入社会，在职场工作中难免会遇到各方面的困难和疑惑。下面是笔者对数字绘画职业人的一些建议。

首先对于如何保持CG设计职业激情有以下一些建议。浮躁是一种消极的情绪，时常困扰着我们，为了保持积极的工作状态，我们需要在工作中学会劳逸结合，学会自我心态调整，学会满足，学会寻求自信心和自豪感；给自己设定阶段性目标，有规划地学习和提升；将绘画中的困难分散开来各个击破；把你的弱项挑出来，有针对性地训练一段时间。保持好对数字绘画的热情是个人职业发展的重中之重。激情的持久性决定着你从事CG绘画的时间长短。

目前在职新人在某些方面的能力不足，主要表现在绘画基础、审美能力和从业心态这三个方面。

一，绘画基础方面。很多人以CG绘画软件技法为捷径，过分依赖软件，却丢掉了最为重要的绘画基础知识，最后只能做软件的技术工匠。若把美术设计当作事业来看，那么美术基础永远是重中之重，并且基础练习是需要贯穿整个职业生涯的。

二，审美能力方面。信息爆炸时代，书籍、网络等传播平台上充斥着很多鱼龙混杂的美术信息，需要用敏锐的眼光去筛选有用的信息，来进行学习和利用。注重自身艺术修养的积淀，对不同美术形式要海纳百川吸收各家之长，提高眼界。

三，从业心态方面。任何急于求成的心态都是要不得

的，我们需要长期的绘画经验积累和丰富的生活阅历。因此从长远角度看，静下心来增强自己的绘画基础，提高自己的艺术修养，开拓眼界丰富阅历才是最重要的。不需要和别人比，自己与自己比就可以了，要把自己的长处发挥到极致。职位的高低是其次、酬劳的多少是暂时，目光放远，找到能够真正实现自己价值的位置。作为CG艺术创作者，要把CG艺术当作事业，带动整个CG行业的发展，只有行业规范、繁荣了，个人事业才能走得更长远。我们需要的是对CG行业的信心和坚持，并保持一份乐观的心态、乐活的思想，开心地工作着。

最后谈谈关于时间的一些建议。学习首先想到的是时间，时间就是金钱，觉得年轻是自己资本的同学，请不要玩弄自己的资本，因为你的资本只有时间，而不是天赋或者什么别的东西。时间的资本谁都有过，上天是很公平的，在你拥有这个资本的时候，应该抓紧时间去练习，当然也要注重劳逸结合。

■ 图1-30

■ 图1-31

■ 图1-32

理论篇

CHAPTER 2
数字绘画的美学概念

本章主要从数字绘画本身的内容和表现形式方面进行分析与阐述，具体讲解了数字绘画的艺术表现形式及表现力、绘画技巧和艺术修养、如何利用数字绘画突出作品主题、数字绘画艺术创作的目的、数字绘画的构成要素及艺术语言概述、绘画表现形式的设计、视觉形式法则概述以及国际数字插画艺术家不同风格的作品赏析。让读者从绘画内容到绘画表现形式，全面地了解数字绘画的美学概念。

本章概述

数字绘画的艺术表现形式、绘画创作的内容和目的、艺术语言概述。

本章重点

了解绘画表现形式的设计——三大构成、视觉形式法则。

2.1 数字绘画的艺术表现形式

数字绘画是使用数字技术手段完成绘画的一种新的绘画方式。数字绘画的核心还是绘画，只是运用的工具不再是油画、水粉等颜料，而是电脑和数位板。既然数字绘画的核心仍是绘画本身，那么无论是运用什么样的工具，绘画的艺术表现形式永远是相通的。绘画的艺术表现是使用色彩、线条、形体等艺术语言，通过构图、明暗等艺术手段在平面空间（即二维空间）中创造能够表现出立体形象的艺术作品。

绘画艺术的表现形式分为外在表现形式和内在表现形式两种。外在表现形式是指绘画风格和派别，如古典写实派、自然派、抽象派等，如今当代艺术盛行，艺术表现形式就更为多样。就数字绘画的艺术表现形式而言，在软件技术不断更新升级的情况下，其也在不断丰富和完善中，现在所拥有的表现形式有写实风格、卡通风格、超写实风格等。内在表现形式是指作品本身所具有的精神内涵，作品内容传达出的美与丑的信息及其给观者带来的思考才是最关键的艺术表现形式，才最能打动观众。

回顾绘画的发展历史，我们不难看到绘画艺术表现形式是丰富多彩的。由于各个国家和民族在社会政治经济和文化传统方面的差异，世界各国的绘画艺术表现形式、造型手段、艺术风格等方面存在着明显的差异。彩陶纹饰、岩画、壁画等东方绘画（图2-1）和古希腊、古罗马时期发展起来的西方绘画（图2-2），都有着不同的艺术表现形式，这是由地域、民族以及文化的不同造就的。

在物质文明与精神文明日益繁荣的今天，数字多媒体等新媒体的应用，使中国传统艺术拥有了一片无比精彩、充满活力的新天地。在这个时代，涌现出了一大批年轻新锐数字绘画艺术家，他们将古典艺术、传统文化遗产从被遗忘的角落请回，为其注入新鲜血液，使其更鲜活，以更富有创造力与想象力的形式展现在世人面前。在数字时代，逐渐形成了新时期数字绘画表现方式，其具有如下三个新的特点。

图2-1_东方绘画之敦煌壁画。敦煌壁画有着十分丰富的内容，组成了一个立体的佛国世界

图2-2_古罗马绘画之庞贝壁画，这是一种遵循奥古斯都时期古典学院风格特点的装饰样式

■图2-1

■图2-2

1. 人性化的绘画操作

数字媒体具有高度的人性化，它可以把绘画造型中的一些基本的技法、技巧及效果等通过图形程序系统地总结出来，并省略了现实生活中各种绘画造型工具所具有的麻烦。其瞬息万变的色彩，随心所欲的画面构图以及各种造型、笔触的修改、恢复和变换等等，都是传统绘画做不到的。这为艺术家提供了一种前所未有的艺术表现形式，也在最大的程度上提供了方便。通过这种数字化的创作环境，艺术家既能够像在真实环境中那样进行创作，又可以摆脱传统绘画中的种种不便。

2. 时效性

新媒体艺术的兴起和艺术设计的数字化意味着艺术世界数码时代的到来。数码影像艺术、网络艺术、多媒体艺术、三维动画、平面设计、环艺设计、商业插画等领域中数字技术的运用方兴未艾。数字技术的出现，不但能将绘画的造型语言轻松地表现出来，而且还能更快捷更准确地表现出所要塑造的形体。数字媒体使艺术的传播和交流从各种时空的制约中解放了出来，也摆脱了许多人为的限制。无所不在的网络正在使数字化成为一种现实，艺术家们可以在网络里实现各种各样的艺术交流，可以使自己的作品即刻成为他人阅读和欣赏的对象。这种轻松、便捷、自由的艺术交流形式在传统艺术传媒中是不可想象的。

3. 虚拟现实性

在数字媒体艺术中，可以运用3D软件展现出二维或三维的造型语言，使造型语言具有多维度的空间展示性。通过运用三维技术，可以逼真地制作出人们在现实生活中无法亲眼目睹或亲身经历的多维空间，让人们体验一种新型的虚拟视觉感受，在视觉上展示给观众一种介于虚拟与现实之间的多维空间感。

如今在网络中，我们可以看到大量利用数字绘画进行的艺术创作，包括广告插画、游戏原画、连载漫画、动画片、CG电影等大量数字绘画艺术作品。数字绘画是一种视觉艺术，是可以通过强大的网络进行传播的新艺术表现形式。就艺术发展而言，数字媒体艺术虽然是数字时代一种重要的绘画艺术表现方式，但是它依旧是绘画艺术中的一种，只有真正植根于传统绘画艺术土壤中，才可以得到真正的发展。

2.2 数字绘画的表现力

数字绘画的表现力包括作品本身的表现力和创作者投入到作品中的精神力。数字绘画艺术形式的多样化风格和技法造成了大量具有不同表现力的数字绘画作品产生。如今，数字绘画的表现力伴随着数字技术的提升和普及越来越强。在国际数字绘画领域，新锐数字绘画艺术家大批涌现，他们的作品、画风多样、个性鲜明，极具艺术表现力，数字绘画呈现出百家争鸣、百花齐放的繁荣景象。

CG绘画的艺术形式和绘画风格以及作者本身的艺术修养决定了作品的表现力，表现力又反过来影响这种CG绘画表现形式的生命力。商业用途的CG绘画作品也必然有其艺术的表现力与商业价值。例如图2-3所示的宫崎骏动画的场景中，画面所展望的是童话般幻想绮丽的世界，造型稀奇有趣，颜色搭配大胆新奇，极其强烈的视觉冲击让人过目不忘，具有非常棒的商业价值。画面的表现力在于以童话般的视角阐述一个拥有魔力的幻化世界，通过荒诞、古怪、有趣的造型增强画面的表现力，打动观众。

数字艺术家在自己作品中投入的精神力量指绘画作品表达的艺术家的思想或灵感创意或是对生活、社会、世界的一种精神探求的力量。所以，优秀的CG绘画作品应该有一定的自我精神状态的展现，也就是情感展现，并融入艺术家独特的品位以及超前的对美和真理的探求力，这种力量应该就是作品的表现力了。下面介绍一位笔者非常喜欢的艺术家H.R.吉格尔，他的作品无论在内容、视觉表现、个人精神探求上都是值得学习和称赞的。如图2-4所示，画面通过相似元素的无序叠加制造出无规则怪异的造型，使得画面膨胀而拥挤。极致而琐碎的细节布满整个画面，视觉张力不言而喻。从画面可以洞察出作者的精神世界是极度紧张焦虑、抑郁、恐慌与绝望的，濒临崩溃和瓦解。1975年，与吉格尔相伴9年的妻子莉·托布勒（Li Tobler）因抑郁症饮弹自尽，这给吉格尔留下了极大的空虚和痛苦。在其后的很多作品里，吉格尔以他独有的表达方式寄托对莉的怀念。在苏黎世的应用艺术学院学习期间，他迷上了弗罗伊德的精神分析理论，并养成了记录梦的习惯。这对他的创作产生了重要的影响。在他的作品里，经常可以看到种种被压抑的欲念以梦般隐喻的形式表现出来。比如，隐藏在黑暗和死亡下的情绪，潜伏着的杀戮欲望以及沉重的罪恶感等。

因此，优秀绘画作品需要展现创作者的自我精神本质，让情感在画面中自然流露。一切的情感和思想需要借用绘画的艺术表现方式传递出来，让观者融入到画面中，倾听着创作者的独白，体会着创作者的内心世界，感受着创作者精神的慷慨给予。

图2-3_宫崎骏动画《哈尔的移动城堡》的场景设定，色彩明快丰富，造型奇特有趣，体现出设计师超凡的表现才能

图2-4_H.R.吉格尔为异形之父，此图是他为电影《异形》（Alien）系列创作的艺术作品

■ 图2-3

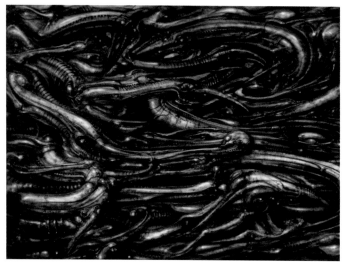

■ 图2-4

2.3　绘画技巧和艺术修养

虽然CG绘画的艺术形式是由艺术家通过图形图像软件的某种技术表现出来的，但也是艺术家们利用思维和各种艺术手法创作出的艺术作品。在国际上，数字艺术已经成为绘画的一种艺术表现形式和媒介。如果把CG绘画的艺术形式表现仅仅理解为艺术家利用软件作画过程中的某些技法的话，就把绘画贬低为一种手艺了，艺术家也就沦为了画画的工具，而数字艺术家与一些有一定技巧的工匠就没有什么不同了。

一句话，绘画的艺术形式不仅仅是有某种绘画技巧就可以胜任，但绘画艺术形式的实现离不开某种绘画技巧。数字绘画作为创造美的造型艺术，除了要求艺术家具备一定的绘画技术外，在艺术修养上也同样有较高的要求。外在表现形式是艺术家表现绘画内容的手段，绘画内容本身体现艺术家的内在感受和思想精神状态。

艺术修养的深浅决定着其作品艺术水平的高低，因此，艺术家为更好地从事艺术创作，承担社会责任，就必须不断学习了解各类艺术领域的知识，如摄影的取景技巧、电影的打光方法、话剧演员的夸张表演、音乐节奏的变化、各季服装流行色等。另外，要锻炼和培养审美情趣，对于异类审美风格可以不喜欢但不能全盘否定，对于超前卫的流行趋势要学会批判接受，增加生活阅历，接触最新信息，不断加强自身思想、知识、情感、艺术等方面的修养，逐渐形成个人风格，从而实现以创作服务社会、以创作反映生活的目的。图2-5为鬼才摄影大师尼克·奈特（Nick Knight）的作品，该作品以其一贯的独特个性和超凡想象力，再一次征服了众人，成功地塑造出不一样的Lady Gaga。图2-6为伦敦Disel时装发布T台秀采用的全息影像效果，整个T台秀如梦如幻、美妙至极。该技术突破了传统声、光、电的局限，空间成像色彩鲜艳，对比度、清晰度都非常高，空间感、透视感很强。它不仅可以产生立体的空中幻象，还可以使幻像与表演者产生互动，一起完成表演，产生令人震憾的演出效果。皆如此类的多种领域学习研究，对拓宽视野，丰富想象力都有非常大的帮助。同样，对新鲜事物的好奇和研究，对与其他艺术相关领域的关注，都是自我学习和积累的体现，要不断学习扩充知识面才会有较高的艺术修养。

画品即人品，绘画创作者需要进行自身艺术修养的提升，提高自身眼界，开拓新的艺术表现形式，敢于探索求新。

图2-5_英国时尚摄影大师尼克·奈特的作品，是为Lady Gaga打造的独一无二的女王般华丽性感大片

■ 图2-5

图2-6_伦敦Disel时装发布T台秀所采用的互动全息影像技术，画面视觉效果炫酷无比

■ 图2-6

2.4　突出作品主题

在CG绘画创作的过程中，要先确定一个绘画主题，然后在一定理论知识的指导下，运用某种绘画技巧来进行创作，也就是说要有一个绘画核心内容来表达作者的创作意图。数字绘画作品从寻找主题到绘制完成，需要对作品内容与艺术表现形式进行不断完善。绘画主题是通过画面中各个物体信息的组合来表现的，在绘画中，画面要有一个视觉看点，这个看点便是画面最为重要的主体，绘画中的主体需要通过画面中其他物体加以烘托。画面中的主体突出时，观众就能够接收到画面信息，并领会绘画的主题。特别是在概念设计领域中，绘画的内容主题更多地体现在画面的主体中，作者需要运用一些绘画处理手段来突出画面主体，从而凸显画面主题。在绘画过程中，不断修

改和完善是必要的，绘画的过程就是改画的过程。图2-7所示的画面颜色单一，造型轮廓模糊，素描明暗对比不强，体积感弱，前后空间距离没有拉开。笔者对图2-7进行修改调整后的效果如图2-8所示，可以看到，此时画面视觉效果更强烈，空间体积感进一步加强，这一过程就是对艺术表现形式的不断完善。

在创作的过程中，需要作者不断地思考尝试，艰苦地经营画面。所以，一种绘画艺术形式的产生需要从作者对生活的认识感悟中得出一个表达故事的主题，再经过娴熟的绘画技巧创作出来。在图2-9中，观众的视线会跟随画面中三位主角的回头方向，指向了该画面的核心——看台上方屏幕，这便是这幅概念图要表现的故事内容。艺术家

图2-7_笔者助理绘制的燕子楼夜景画面

图2-8_经过笔者修改调整后的画面效果，画面创作主题更为突出，视觉焦点更为明确

图2-9_《铁甲钢拳》(Real Steel)概念设定图。画面主要表现主角们在上场比赛前，赛场大屏幕的内容。画面表现出了赛场的视觉气氛为该影片桥段定下基调

图2-10_此图为笔者学生绘制，画面表现形式单一，主次和空间层次没有区分，主题不够突出，让人不知所云

图2-11_笔者通过对画面简单添加黑白灰调子，使画面主题更为突出

■ 图2-7

的创作是为大众服务并接受的活动。CG绘画
艺术的创作主题如果不被大众接受，观众不能
在瞬间抓住画面核心内容的话，画面内容喧宾
夺主、层次混乱，这种艺术活动可能会面临失
败。图2-10所示的画面线条描绘简单直白，
缺少深浅粗细变化，其导致的后果就是画面缺
少节奏感，主题不够突出，让人不知所云。图
2-11是笔者简单修改后的画面效果，通过明
暗对比以及对次要人物的概括和削弱，衬托出
了中景的女生。

■ 图2-8

■ 图2-9

■ 图2-10

■ 图2-11

2.5 数字绘画艺术创作的目的

数字绘画的创作并不是艺术家进行创作的最终目的，绘画作品的完成，也并不意味着艺术家就完成了艺术创作。绘画作品创作出来就是要给观众欣赏的，观众可以从作品中得到某种精神食粮，然后进行消费。而艺术家也通过这种绘画方式来表达自己所要体现的主题思想。因此，绘画主题的内容能否引起观众的共鸣关系到艺术家的绘画作品的价值能否实现。

绘画只是一种内容的展现形式，绘画技法只是表达内容的一种手段，在绘画艺术的发展中，绘画形式由具象转变为抽象，由追求外在写实到内在真情的传达，都在说明着绘画的目的。

纵观当代艺术发展史，整个趋势是由狂热追求美的艺术表达主义发展到探究绘画内容的精神方面。艺术品的形式是从思想里产生的，要摒弃表面美感创作出充满深层内涵的作品，才能在绘画中得到更多的思想解放和精神的自由。

对于数字艺术家本人而言，数字绘画的各种表现技巧和展现形式是否能够表达自己的主题思想，以及能否传达出自己对生活深切的感受是尤为重要的。

对于商业数字插画工作者而言，绘的表现技法和表达能力需要充分展现出创作的商业用途及目的，通过表现力和绘制内容来传达商业信息，让观众直观强烈地感受到商业信息、产品信息，起到宣传营销的作用。

对于从事影视游戏概念设计的工作者而言，绘画的创作目的在于设计，要将文字内容转化为形象的视觉表现，其目的在于将文字描述的内容和给人的感受，通过画面描绘出来，并对画面进行艺术设计，让观众了解场景的造型和气氛。这就是概念设计师的创作目的。

在各种纯艺术绘画创作中，艺术家采取不同的手段技巧进行绘画创作，创作动机和创作的本质几乎是完全一样的，即都要处理好形式与内容的关系，并且要考虑作品的表现力，去表达自己所想、表达什么是美。

2.6 数字绘画的构成要素以及艺术语言概述

简单来说，数字绘画的构成要素就是艺术作品的内容以及表现形式。绘画作品的内容是画什么，表现形式则是关于怎么画。

内容是绘画作品的核心，艺术语言和表现形式则用来更好地阐述内容。在商业插画中，绘画内容便是要传达出商业信息，让观众看到后立刻明白作者的意图。准确、直接、有效是商业插画的特点。在概念设计领域，内容便是角色或场景的具体造型和特征的展现，并传达出角色或场景的背景时代信息。图2-12为克雷格·马林斯（Craig Mullins）绘制的概念图，画面表现的故事内容非常明确，通过有趣的镜头角度，丰富的前后空间层次以及合理的光影色彩设计，很好地传达出画面的主题，表现出海难中船员们挣扎逃生的场景。

绘画造型语言与绘画艺术语言有一定区别，绘画造型语言强调"造型"，强调运用到点线面体的二维元素构成组合来创造出立体形态，目的是塑造形体。绘画艺术语言强调一幅作品中运用到的多种艺术表现方式。绘画艺术语言包含多种绘画形式。与音乐、舞蹈等其他艺术表现方式不同，绘画艺术语言具有独特的语言方式。绘画艺术语言是一种特殊的语言，是由形体、明暗光影、色彩、空间、材质、肌理等视觉语言组成的。基本的绘画艺术语言符号有以下几种。

- 造型：是几何学抽象的基本概念，包括点、线、面、体几种元素。在作品中这些元素组合在一起，形成了图像语言，这些图像语言是有表情的，是能够让观众读懂的，通过这些图像语言可以表现物象的轮廓和结构。如图2-13所示的画面中运用了点、线、面、体各种二维元素，其中主要运用线的方式来表现出飞行器的速度感。

- 明暗：有光的环境下，物体产生出了明和暗的调子。这些明暗调子能充分说明物体的结构造型是怎样的，能够更好地体现物体的造型本质。图2-14中采用了脚光源这种特殊的照射角度，产生出了不同的视觉感受，很好地表达出画面的故事情节和气氛。

- 色彩：有光的环境下，物体会产生出颜色。大千世界五彩缤纷，不同的颜色能够表现出不同的氛围，传达出不同的信息。图2-15中，克雷格·马林斯运用高饱和度的暖色，并在其上点缀些清凉的灰蓝色来调节画面冷暖，使画面色彩浓烈且不火爆。在绘制此画前，作者会设定好画面的大色调，确定好画面的冷暖主次和强弱，并且很好地运用色彩来表达情感。

- 空间：绘画是通过二维平面，表现出三维立体的空间，使画面显得更真实，如图2-16所示。

- 材质肌理：除了上述四点，还有就是物体表现的质感。每一个物体都有不同的质感，质感是通过光色反映在人眼中的，能够传达出物体的表面肌理信息。图2-17中，画面肌理是通过随机的笔刷纹理来实现的。通过叠加多种多样的纹理笔刷，可以达到丰富细节的目的，丰富的细节肌理能够使简单的画面变得丰富而有内容。

绘画语言具体在绘制中如何运用，我们将在第4章、第5章中列举实际案例分析时进行讲解。

图2-12_克雷格·马林斯绘制的概念图，画面中表现的故事内容非常明确，很好地表现出海难中船员们挣扎逃生的场面

图2-13_CG大师克雷格·马林斯的概念设计。画面中展现飞行器的造型设计。其流线型曲线造型，突出了飞行器飞行速度之快

图2-14_克雷格·马林斯的光影设定。采用脚光源这种特殊的照射角度，烘托出不同的视觉感受

图2-15_克雷格·马林斯运用高饱和度的暖色，并在其上点缀些清凉的灰蓝色来调节画面冷暖，让画面色彩浓烈且不火爆，使观者感受到阳光和欢乐

图2-16_克雷格·马林斯运用光影以及色彩的冷暖，表现多层的空间关系，该画面中至少有三层空间

图2-17_克雷格·马林斯通过随机的笔刷纹理绘制的画面肌理

■ 图2-12

■ 图2-14

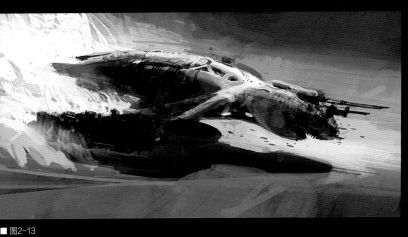

■ 图2-13

■ 图2-15

■ 图2-16

■ 图2-17

2.7 绘画表现形式的设计：三大构成概述

绘画设计中的"三大构成"为平面构成、色彩构成和立体构成。点、线、面、体、空间是"构成"的基本要素。图2-18是一张概念设计图，其中A处在画面中是点，B处是线，C处是面，D处是体，将这些要素组合起来便构成了一幅画面。

平面构成探讨的是二维空间的视觉形式。其构成形式主要有重复（图2-19）、近似（图2-20）、渐变（图2-21）、变异图（图2-22）、对比、集结、发散（图2-23）、特异、空间与矛盾空间、分割（图2-24）、肌理及错视等等。在CG绘画中，平面构成多用在画面构图、物体造型设计以及画面黑白光影的安排中。在第5章构成形式与设计思维中会举例着重讲解平面构成的知识，在第10章"电影概念设计案例分析《内景》"中会讲解黑白布局方案。

色彩构成即色彩的相互作用，是从人对色彩的感知和心理感受出发，用分析的方法，将复杂色彩概括为色块，并研究色块与色块之间的关系，利用色彩在空间、量与质上给人的感受，去组合各色块构成之间的相互关系，使整个画面的色块组合给人带来预期的效果（图2-25）。在第四章会有分析色彩与情感内容。

立体构成也称为空间构成。它是以点、线、面、体、空间来研究空间立体形态的学科，也是研究立体造型各元素的构成法则。在概念设计中常用三视图或3D辅助的方式来展现立体构成。立体构成常用于建筑设计中，在图2-26所示的建筑设计图中，高低错落有序，空间层次丰富，疏密安排得当，体块穿插合理。

至于三大构成在数字绘画中该怎么运用，我们会在第4章、第5章中列举实际案例分析讲解。

图2-18_CG大师克雷格·马林斯的概念设计图。画面中展现出点、线、面、体各元素的组合设计

图2-19_元素的重复具有强烈的构成感

图2-20_近似的元素重复，既有共性也有差异

图2-21_由明暗的渐变和对比构成画面，简单的元素有节奏地分布，画面更具张力

图2-22_由重复和变异构成画面

图2-23_由集结与发散构成具有动感的画面

图2-24_画面的分割构成

图2-25_色彩构成。颜色在不同明度、不同饱和度以及不同色相下调节搭配在一起，形成明确的色彩情感，例如甜蜜、激烈、苦涩、愤怒、梦幻等等

图2-26_该建筑设计运用的便是立体构成，画面中的高低错落、疏密分布、前后安排以及建筑之间的连接贯穿等都是立体构成

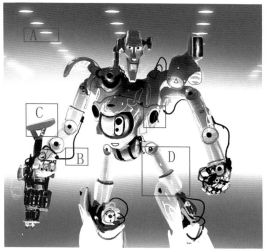

■ 图2-18

■ 图2-19

■ 图2-20

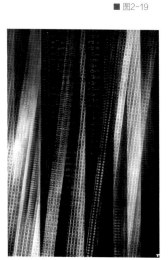

■ 图2-21

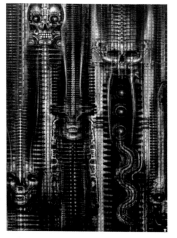

■ 图2-22

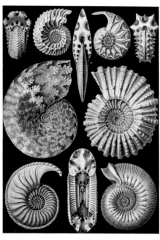

■ 图2-23

■ 图2-24

■ 图2-25

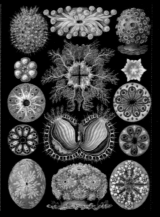

■ 图2-26

2.8　视觉的形式法则概述

　　数字艺术家要想创造视觉美，就需要了解画面的形式构成，需要对表达的事物进行外观剪影造型以及内在结构方面的设计，并将画面各个元素进行合理安排。

　　物体外观剪影造型包括形体外轮廓和形体各个组成结构，如上下结构、上中下结构、左右结构、左中右结构等。物体与物体的外在联系组成画面。如图2-27中，将外在形式元素按一定规律组合了起来。外形与内形产生正负形，正负形能够被人通过感官感知，给人以美感。

　　视觉上的形式美一般包括以下几点。

图2-27_此图为好莱坞电影海报设计大师的创意草图，在画面造型的设计安排以及各个元素之间的组合上都与故事内容紧密联系，并通过夸张的镜头以及平面构成方式来风趣幽默地传达信息

■ 图2-27

1. 简练与单纯性

在数字绘画创作中，在造型的设计上通常采用加法或减法的方式。通常减法设计是最考验设计师的概括能力的。概括并非就是简单，而是要将复杂凝练成纯粹。如果仔细地观看一尊优秀的埃及雕塑或一件完好的非洲雕刻，就会发现它们是把丰富的意义和多样化的形式组织在一个统一的结构中。设计的重要功能是实用，越是简化的形态越有利于生产、加工与使用，也越受欢迎，如北欧工业设计（图2-28）、苹果数码产品设计等。在电影《创：战纪》的概念设计（图2-29）上，也摒弃了"星球大战"式的老牌科幻风格，开拓出电子科幻的新世界，其简练、美观、时尚、大方的造型，使观众产生了共鸣。

2. 平衡

对任何一种艺术形式来说，平衡都是极其重要的。就如一座建筑物，只有平衡时才会给人坚固、安全、可靠的感觉，当它不平衡时，带给人的感觉则是即将倒塌。因此，在立体构成中很好地理解和运用平衡，有着重要的意义，如图2-30所示。

3. 比例

每一件物体的构成，其各成分之间都有一定的比例关

图2-28_这是包豪斯构成主义设计风格，追求的是极简主义理念，设计大方美观

图2-29_电影《创：战纪》（Tron：Legacy）的摩托车概念设计，简洁、时尚、美观的造型打破了以往科幻、繁琐、复杂的机械概念

图2-30_现代主义运用的简洁、美观、实用的建筑设计风格。其设计采用左右对称的平衡方式，使建筑给人稳定、坚固、安全可靠的感觉

图2-31_使用了黄金分割比例的设计作品

图2-32_为克雷格·马林斯的作品。此画利用柠檬黄与熟褐色在明度与饱和度上的强烈对比，使人物动作从背景中衬托出来，并渲染出紧张激烈的气氛

■ 图2-28

■ 图2-29

■ 图2-30

■ 图2-31

■ 图2-32

系，当这种比例关系符合一定的规律时，就会给人带来美和具有内在生命力的感受。因此，比例关系是否和谐，是一件作品能否产生美感和内在生命力的重要因素之一。在设计中常用到黄金分割比例，如图2-31所示。

4. 对比

对比是创造艺术美的重要手段，我们常说的"红花还要绿叶配"其实就是讲对比产生的美。人对各种事物的认识，比如美与丑、善与恶、高与矮、长与短等等是通过对比产生的。在画面构成中合理使用对比，可以起到突出主体，加强画面视觉艺术效果和艺术感染力的作用（图2-32）。

5. 主次

与一部电视剧或电影中需要主角和配角一样，在画面的构成中，也需要有主次之分，这样才能突出重点，传达画面中心内容，表达强烈的艺术感染力（图2-33）。

6. 节奏

节奏是艺术作品的重要表现之一。它的基本特征是能在艺术中表现、传达出人的心理情感。（图2-34）为包豪斯构成主义设计作品。该作品在节奏的把握上尤其到位，通过点、线、面的设计安排，以及尖锐激烈的三角形和圆滑舒缓的圆形的搭配组合，构成了这幅具有音乐节奏感的画面，张弛有度充满韵律。

人的心理情感活动会引起生理节奏的变化，例如人的感情活动平静时，生理节奏比较缓慢；感情活动激烈时，生理节奏也会相应得比较急促。相反，改变人的生理节奏就会在一定程度上引起人情感活动的变化。艺术节奏就是建立在人的生理和心理基础上的。形态、色彩、肌理等造型元素既连续又有规律、有秩序地变化。它能引导人的视觉运动方向，控制视觉感受的规律变化，给人的心理造成一定的节奏感受，并使人产生一定的情感活动。

7. 韵律

韵律是表达动态感觉的造型方法之一，在同一要素反复出现时，会形成运动的感觉，使画面充满生机；在一些零乱散漫的东西上加上韵律，则会产生一种秩序感，并由这种秩序的感觉与动势萌发出生命感。对于造型来说，则依靠造型要素的反复出现来表现韵律。重复韵律是利用构成中的形态、色彩、材质、肌理等要素做有规律的重复，从而产生端正而秩序井然的韵律；渐变韵律则是将构成中的造型要素按照一定的规律渐次发展变化而产生韵律，比如造型物的形态大小渐变、方向渐变、位置渐变、厚薄渐变、阴影渐变等等。

图2-35所示的建筑室内设计将具有动感的曲线作为元素，进行有规律的聚集、发散，然后复制和排列成有节奏感的空间构成。图2-36为星球大战的概念设计图，其设计理念和前面所讲的建筑室内设计有相似之处，简练而富有节奏感的螺旋形有规律地重复构成科幻的世界。

8. 意境

艺术意境是指艺术家熔铸在具体艺术作品中的有深刻意味的丰富的心灵、情思与境界，这些不仅能刺激听觉或视觉，更能直接打动鉴赏者的心灵，并牵引鉴赏者通过自

图2-33_画面中警官和劫持人质的杀手是主角，而车上的乘客和周围环境则是次要的，只起到烘托紧张气氛的作用。主角的神情和动作细节刻画到位，而乘客的五官表情则是概括和弱化的

图2-34_包豪斯构成主义设计作品。画面通过几何图形和颜色来表现一种欢快的节奏感

图2-35_重复的动感曲线线条使画面凌乱的造型富有秩序性的韵律感

图2-36_电影《星球大战》的概念设计图。元素有规律地重复，构成有节奏感的科幻世界

图 2-37_山水花卉图（之一），李流芳作品，上海博物馆藏。中国画以意境、气韵、格趣为最高境界

■ 图2-33

■ 图2-34

■ 图2-35

■ 图2-36

■ 图2-37

身的情感作用，再一次升华艺术作品的生命与灵魂。

任何一种艺术形式，其最终目的都是通过各种表现形式来表达某种意境。也就是将作者的思想感情赋予到艺术作品中，让观者通过视觉、知觉感受到作品所要表达的含义。不同的材质、色彩、形体都能产生不同的意境。好的意境离不开好的韵律，好的韵律能表达更好的意境。在立体构成中，韵律与意境是相辅相成的，我们要善于利用材质的特色、造型、排列、组合等，来表现各种韵律和意境。图2-37所示的作品运用了国画中的写意来传达菊花的品格。写意通常运用简练生动的笔触，配合留白、渲染来营造意境，不必面面俱到。诗中有画，画中有诗，该画主要表现秋菊之气节，其运笔形似草书，用笔疾劲爽利，韵足意长，神似天成。

2.9 国际数字艺术家不同风格的作品赏析

数字绘画的应用领域广泛，包括插画、动画、漫画、游戏、电影等。本书会对各个领域进行详细介绍并传授技法。不同的应用领域有着不同的艺术要求和绘画风格，下面同笔者一起来赏析一下不同国家、不同领域、不同绘画风格、不同绘画题材的数字绘画作品。

在日本，宫崎骏的动画电影的美术风格影响了很多动漫创作人，其《侧耳倾听》的美术设定（图2-38），风格写实、手法细腻，充满温馨的生活气息。

在美国，"插图之神"弗兰克·弗雷泽塔（Frank Frazetta），是一位幻想艺术老前辈，创作出了大量优秀幻想插画，画风偏写实，注重造型塑造和力量感，引领着欧美写实派（图2-39）。

电影进入数字绘画时代后，涌现出大批影视概念设计师。达伦·霍利（Daren Horley）是美国艺术家，他投身于电影产业已经有很多年，擅长角色设计，尤其以恐龙设计最为知名。他参与过的电影包括《哈利·波特》、《纳尼亚传奇》（Chronicles of Narnia）、《大侦探福尔摩斯》（Sherlock Holmes）等等，画风写实，注重造型的概念设计以及娱乐价值（图2-40）。

与此同时，日韩风格、小清新风格的插画开始在亚洲各国兴起，由于游戏、动画受日韩影响很深，如今此类插画风格遍布国内。埃斯科（Asuka）是一名来自泰国的自由插画师。他毕业于机械工程专业，然而为了完成自己的艺术梦想，他毅然放弃了所学的专业，在2006年加入了Virus Studio，之后又于2009年加入了The Monk Studio。他的画风偏卡通，风格唯美可爱（图2-41）。

时尚插画常常伴随时尚品牌的宣传发布而产生，更多是一种插画广告，具有简单时尚的特点。图2-42所示的MONKEYDALY插画作品具有很强的个人风格。该类插画艺术作品十分注重追求画面的构成形式以及艺术品位。

图2-38_宫崎骏动画电影《侧耳倾听》的概念设计作品

■ 图2-38

■ 图2-39

■ 图2-40

■ 图2-41

■ 图2-42

图2-39_弗兰克·弗雷泽塔大师创作的奇幻作品

图2-40_达伦·霍利惊艳的想象力以及扎实的绘画功底，使角色实实在在地展现在观众眼前。电影概念设计以写实绘画为主，注重想象力和视觉张力

图2-41_典型的日韩风格插画，深受年轻人欢迎，常运用于动漫、游戏领域中

图2-42_时尚插画具有简洁、美观、时尚的特点，能较快地传递产品的气质和文化，打动消费者

DIGITAL PAINTING DESIGN

工具篇

CHAPTER 3
数字绘画基础入门

本章讲解绘制数字插画前的准备工作，包括数位板以及绘画软件的讲解，介绍最新绘画技巧——3D辅助设计和Photoshop绘画软件的使用技巧等内容。

本章概述

数位板介绍，绘画软件讲解，3D辅助设计和Photoshop各个功能介绍。

本章重点

3D辅助方法的运用以及Photoshop软件技巧的熟练掌握。

3.1 准备工作

在开始绘画前，我们需要做些准备工作，下面详细讲解下需要准备的物品。

3.1.1 数位板

在介绍绘画工具以及软件技术之前，需要说明的是对于CG创作者而言，"技术"和"艺术"两方面的知识修养缺一不可，它们是相辅相成的。孤立的技术是没有价值的，和艺术相结合的技术才真正具备价值。它们的关系应该是：艺术是目的，技术是手段；技术是艺术的支撑，艺术是技术的"归宿"；艺术因技术而发光，技术因艺术而永驻。CG行业重视软硬件技术，重视世界潮流的最新技术，但不等于卖弄技术，而是为了增强作品的艺术表现力和感染力。

绘制前需要确认自己的工具准备状况以及自己擅长使用的绘画软件等。

数位板（图3-1）又叫绘图板、绘画板、手绘板。数位板通常是由一块手绘板和一支压感笔组成，作用类似于画家的画板和画笔，只是它们不是用木头做的而是属于精密的电子产品。在没有数位板的时候，我们通常用鼠标来画画，不过鼠标的灵活性较差。

数位板可以让你找到拿着笔在纸上画画的感觉，不仅如此，它还能做很多意想不到的事情。它可以模拟各种不同的笔触效果。例如模拟最常见的毛笔时，用力较大的时候能画很粗的线条，用力很轻的时候，可以画出很细很淡的线条；它还可以模拟喷枪，用力越大的时候它喷出的墨越多，覆盖的范围越大，甚至还能根据笔的倾斜角度，喷出扇形等不同的效果。除了模拟传统的各种画笔效果外，数位板还可以利用电脑的优势，做出用传统工具无法实现的效果，例如根据压力大小进行图案的贴图绘画时，只需要轻轻几笔就能能绘出一片开满形状大小各异鲜花的芳草地。

好的硬件需要好的软件的支持，数位板作为一种硬件输入工具，可以结合Painter、Photoshop等绘图软件创作出各种风格的作品。国产数位板品牌有"汉王"、"友基"，进口品牌要属"WACOM"最知名，市场占有率也最高。

3.1.2 绘图软件

数字绘画创作者直接接触的是计算机，利用计算机里有关绘画应用软件，来完成绘画创作。虽然没有直接接触绘画颜料，但可以利用绘画软件模仿出传统绘画的效果。计算机里的绘画软件是根据图片、绘画等的需要而设计开发的。在绘制数字插画时常用的软件有Photoshop、Painter和SketchUp，下面将分别介绍这三种工具。

在Photoshop软件的工具箱里有很多可供使用的工具，可以根据不同的工作目的进行选择。对绘画者来说，

■ 图3-1

图3-1_数字绘画的必备工具——数位板

最常用到的是画笔工具。虽然看起来软件只提供了一支笔，可这正是前面提到的该软件的优势所在，它可以由绘画者扩展成千上万甚至无数种画笔。绘画者可以根据绘制不同材质的需要，利用自定义画笔的功能自制画笔。自己做好的新画笔可以保存在软件的画笔库里，以便后来随时调用。在使用过程中可以在选项栏和画笔面板上调整相应的数值，因此又会出现千差万别的变化。Photoshop软件提供了十分便捷的操作环境、出色的图层功能以及图层混合模式和属性、丰富强大的笔刷以及自定义笔刷等功能，非常适合电影概念设计图的绘制，调整工具配合滤镜的应用能够得到意想不到的绘画效果。后面将详细讲解Photoshop的各个绘画功能。如图3-2为利用Photoshop软件绘制的逼真的写实场景，是运用多张照片素材拼贴结合笔刷绘制而成的。

除了Photoshop软件外，还有很多非常有特色的绘画软件，如Painter软件。使用该软件绘制的作品绘画感很强，有水晕染的痕迹，还有颜料笔触的厚度效果等。图3-3为使用Painter软件绘制的插画，画面模仿了油画肌理效果，宛如一幅油画作品。

还有一款软件也深受数字绘画从业者的欢迎，那就是SketchUp软件，中文叫"草图大师"。SketchUp软件为三维辅助软件，可以在绘制大场面时用其来制作镜头设计和透视角度，是解决场景透视最有效的软件。该软件简单易学，是做电影概念设计常用的三维辅助软件。如图3-4为SketchUp软件的登录界面。

在接下来的两节，我们会详细讲解这三种绘图软件中的两种即Photoshop软件和Sketchup软件。大家在创作过程中利用计算机绘画软件的优势，可以很容易地实

图3-2_克雷格·马林斯的作品，使用Photoshop软件绘制，利用贴图和笔刷来绘制出逼真细腻的写实场景

图3-3_贾斯廷·斯威特（Justin Sweet）的插画作品，使用Painter软件绘制，利用软件中模拟油画的笔刷绘制出了真实的油画效果，展现出大气恢弘的古典美

■ 图3-2

■ 图3-3

现图片的叠加，使其经过修改和处理之后能更好地融入画面，还可以利用软件中的相关调色工具，调整不同素材的色彩融合和整幅画面的色彩倾向等等。这些应用在很大程度上都是由创作者选取并加以创造性的应用。同时要提醒初学者，不能过分依赖软件，而应加强绘画基础以及设计思维的训练。

图3-4_SketchUp软件登录界面

图3-5_执行"编辑>首选项>文件处理"命令

图3-6_Photoshop软件自带后台存储的演示图

■ 图3-4

3.2 专业CG软件使用秘笈

此处以Photoshop软件为载体进行介绍。本Photoshop教程较专业，这里仅针对CG数字绘画领域介绍，对于Photoshop其他与绘画无关功能不再讲解。

笔者推荐使用CS6版本的Photoshop，这款软件具有实时保存功能。可以设置每5分钟后台自动保存一次，这个功能对于数字绘画师来说非常实用。打开软件，执行"编辑 > 首选项 > 文件处理"命令，如图3-5所示，打开"首选项"对话框，设置参数如图3-6所示。

如图3-6 设置勾选"存储至原始文件夹""后台存储""自动存储恢复信息时间间隔为5分钟"复选框，也就是运行后台每隔五分钟自动保存一次，从此就不怕软件突然崩溃、电脑重启等问题了。

图3-7为Photoshop CS6黑色UI界面。笔者常用的面板包括工具、HSB颜色、工具预设、画笔等，可在"窗口"下拉菜单中查看已经打开的面板有哪些（图3-8）。

■ 图3-5

■ 图3-6

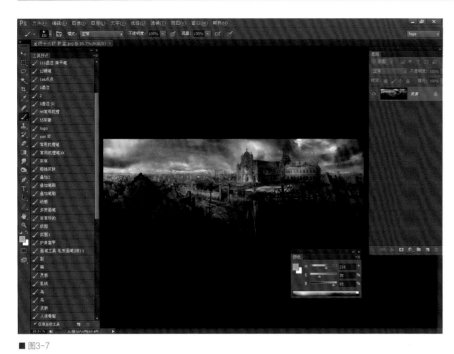

图3-7_Photoshop CS6
的黑色风格界面以及笔者
作画时常用的界面布局和
常用面板

图3-8_在"窗口"下拉
菜单中调出常用到的"工
具预设"、"图层"、"颜色"、
"选项"、"工具"等面板

图3-9_HSB颜色面板

图3-10_H色相的冷暖颜
色区域

图3-11_同色系的微妙颜
色差别

■ 图3-7　　　　　　　　　　　　　　　　　　　　　■ 图3-8

3.2.1 HSB颜色

　　在Photoshop中上色时，笔者运用的工具是HSB颜色来选色，而不是拾色器、RGB或者是环形色板。

　　图3-9为HSB颜色面板。HSB中的，H指色相、S指色彩饱和度、B指明度。H是将色环展开得到的，其左端和右端是可以连接的，大致可以分为冷暖色区域。色彩冷暖是相对的，由色温表显示，越冷的颜色越偏蓝，越暖的颜色越偏红。根据色温表显示如图，色相H是按照色温表来排布的。由左至右，色温逐渐增加。

　　图3-10为光源色温表，表示由暖到冷的过渡变化。

　　图3-11为冷暖色系的颜色搭配，同色系微妙的色彩变化构成的画面。在利用Photoshop软件绘画的过程中，需要对邻近色进行微调，调整HSB数值，使数值之间不要相差太大。

■ 图3-9

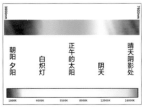

■ 图3-10

■ 图3-11

3.2.2 图层

"图层"面板（图3-12）的运用有利于高效地完成绘画任务，主要运用图层混合模式以及"图层"面板底部的"创建新的填充或调整图层"按钮。要注意调整图层的前后顺序，也就是近景、中景、远景的顺序，近景所在图层应在"图层"面板的最上面，依次类推。正确的图层顺序有助于提高绘画效率。图层混合模式的应用可以为绘画带来意想不到的效果。

图层混合模式有很多种，下面逐一讲解。

在"正片叠底"模式中，画面颜色总是较暗。任何颜色与黑色混合产生黑色。任何颜色与白色混合保持不变。

在"线性减淡"图层混合模式中，通过提高亮度可以使基色变亮以反映混合色，但是注意不要与黑色混合，那样是不会发生变化的。"线性减淡"混合模式是最为常用的模式之一。

"叠加"图层混合模式是把新建图层与背景图层进行混合，使得两图层颜色混合在一起，而图像内的高亮部分和阴影部分保持不变，因此在对黑色或白色像素着色时"叠加"模式不起作用，也是最为常用的模式之一。

"柔光"图层混合模式会产生一种柔光照射的效果。如果图片颜色偏亮，结果会偏亮，如果偏暗，结果也会暗。

"颜色"图层混合模式能够根据混合图层的颜色饱和度值和色相值进行着色，而使背景图层的颜色的亮度值保持不变。"颜色"图层混合模式可以看成是"饱合度"图

层混合模式和"色相"图层混合模式的综合。该模式能够使灰色图像的阴影或轮廓透过着色的颜色显示出来，产生某种色彩化的效果。还可以保留图像中的灰阶，对给单色图像和彩色图像着色都非常有用。

除此之外的其他功能大家可以在网上找的很多相关信息，这里不做赘述。

"图层"面板底部的"创建新的填充或调整图层"按钮非常好用，如图3-13。笔者常用到曲线、色彩平衡、自然饱和度这三个功能。笔者强烈建议用"图层"面板下面调整图层命令进行调整，不要用"图像>调整"命令里的子菜单，因为后者操作只针对一个图层，并且确定后不能进行修改和返回，比较麻烦。

3.2.3 工具预设与绘画工具介绍

笔者的工具预设里包含着笔刷、橡皮、涂抹、加深减淡等工具的预设。在工具预设面板中可以调用各种工具。笔者可以直接选择工具预设里已经调好的各种工具的设置，节省作画时间。这些设置都是笔者在以往作画中设置并保存下来的。

图3-12_为"图层"面板

图3-13_"图层"面板下方的调整图层选项，非常好用的调整功能

图3-14_"工具预设"面板图示

图3-15_单击"工具预设"面板中的扩展按钮，在扩展菜单中选择"载入工具预设"命令，预设笔刷工具

■ 图3-12　　■ 图3-13

■ 图3-14　　■ 图3-15

下面来介绍工具预设。图3-14为笔者自己经过多年绘画保存的一些常用的笔刷。如图3-15，点击面板右上角扩展按钮，在扩展菜单中执行"载入工具预设"命令可以将收集的笔刷载入。安装上之后重启动Photoshop，再次打开工具预设面板，即可找到该工具已预设并载入，如图3-16，选择其中的任何画笔，就可以绘制出想要的效果。

画笔选项设置属性栏如图3-17所示，可以在此进行特殊的笔刷处理，一般用工具预设里的画笔就不在这里设置了。按下F5键，弹出画笔预设菜单，如图3-18所示，可以在这里设置画笔属性。也可以在这里设置柔和的软笔喷枪笔刷，如图3-19所示。可以对画笔的形状动态和笔尖大小进行设置，勾选"传递"复选框设置画笔压力变化，勾选"湿边"复选框设置画笔叠加透明效果，勾选"散布"复选框设置笔刷分散成无数小笔触，勾选"颜色动态"复选框设置丰富有变化的颜色。

如果要创建一个新的笔刷可以执行"编辑>定义画笔预设"命令自定义画笔。先做黑白的画笔笔刷图案，再用定义画笔预设来设定笔刷。新笔刷做完后可以保存在工具预设里。

■ 图3-16

■ 图3-17

图3-16_找到发哥工具预设笔刷

图3-17_画笔选项设置

图3-18_画笔的种类展示

图3-19_按下F5键后，弹出的画笔设置面板

■ 图3-18

■ 图3-19

下面介绍Photoshop里的其他绘画工具。图3-20为工具预设里的橡皮。橡皮分为硬橡皮和软橡皮，硬橡皮主要用来修改造型（图3-21），软橡皮用来处理画面气氛或做柔和效果的。

加深减淡工具（图3-22），常用来处理画面明暗深浅的素描关系，是作画前期塑造素描光影和体积时，常用到的工具有高调、中间调、暗调三种范围。要选择相应的范围调整不同区域的调子。

设置"渐变工具"如图3-23，结合选区工具，能够快速地绘制具有自然过渡段的图像。渐变工具的模式，是指对填充的颜色与背景的模式处理。

"涂抹工具"（图3-24）是绘画中处理硬笔触时常用的工具。涂抹工具可以涂抹出细腻的过渡，使画面看起来更柔和，也可以涂抹出云、火苗、水纹等特殊效果。可以酌情对强度进行调整，强度大一些，涂抹效果会更明显（图3-25）。

"直线工具"（图3-26），常用来绘制透视线、建筑、机械等直线结构较多的图例。

"套索工具"（图3-27）中多边形套索和套索最为常用，多边形套索常用于直线结构较多的地方，套索常用于曲线较多的地方。

■ 图3-20

■ 图3-24

■ 图3-21

■ 图3-22

■ 图3-23

■ 图3-25

■ 图3-26

■ 图3-27

3.2.4 滤镜

下面，介绍一下笔者常用到的滤镜效果，如模糊、锐化、波纹、渲染等。滤镜可以为画面增添意想不到的特殊效果。滤镜运用到位，可以使画面在视觉效果上锦上添花。下面笔者具体讲解一下常用到的滤镜功能。

首先介绍模糊功能。执行"滤镜 > 模糊 > 径向模糊"命令，如图 3-28 所示。打开"径向模糊"对话框，其中"模糊方法"有两个单选按钮，即"旋转"和"缩放"，面板如图 3-29 所示。同一张画，选择不同的模糊方式效果是不同的，如图 3-30 所示。还有常用的是高斯模糊，因为操作比较简单，这里不再赘述。

下面讲解锐化的方法。执行"滤镜>锐化>USM锐化"命令，如图 3-31所示。可以在打开的"USM锐化"对话框中设置锐化强度，如图 3-32所示。

下面介绍波纹的运用方法。执行"滤镜>扭曲>波纹"命令，如图 3-33所示。可以在打开的"波纹"对话框中进行设置。"扭曲"效果常用来处理水纹，不常用到，但如果用了效果非常不错。如图 3-34，运用的是"波纹"命令，可以很轻松地将图片制作成水纹效果。

"渲染"滤镜也非常好用，可以制作出镜头的光晕效果，为画面模拟出光线照射的效果。执行"滤镜 > 渲染 > 镜头光晕"命令，如图 3-35 所示。在打开的"镜头光晕"对话框中进行设置。图 3-36，为镜头光晕的视觉效果。

图3-28_选择"径向模糊"

图3-29_径向模糊的两种效果，根据不同的需要有不一样的视觉冲击

图3-30_径向模糊的两种不同迷糊效果对比

■ 图3-28

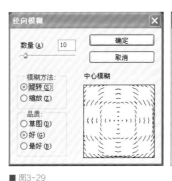
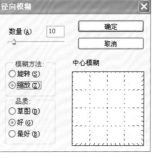

■ 图3-29

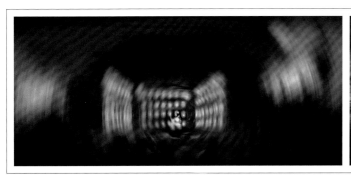

■ 图3-30

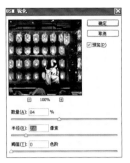

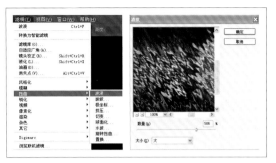

■ 图3-31

■ 图3-32

■ 图3-33

图3-31_执行"USM锐化"命令

图3-32_USM锐化对话框设置

图3-33_执行"波纹"命令，以及"波纹"对话框

图3-34_运行"波纹"命令后的画面效果

图3-35_"镜头光晕"命令步骤和对话框

图3-36_镜头的光晕效果

■ 图3-34

■ 图3-35

■ 图3-36

3.2.5 新建文件开始绘画

在Photoshop软件中新建文件时，可以执行"文件>新建"命令，或者按"Ctrl+N"组合键，都能弹出"新建"对话框，如图3-37所示。

在"新建"对话框中，我们可以设置文件的名称、尺寸、图像的分辨率、颜色模式等参数。

- 名称：默认为"未标题-1"。此用户可以改成其他文件名。
- 预设：用户可以选择已有的图像尺寸。若选择"自定"，则可以在下面的"宽度"、"高度"数值框中设定图像的尺寸。
- 分辨率：默认值为72(每英寸72像素)。但我们在实际应用中可以按照用户的需求设置：如在制作封面时，可以设置值为300；在制作招贴画时设置值为170左右。
- 颜色模式：当应用电脑、网络平台上运用RGB颜色，当用于出版打印要用CMYK颜色。不同模式之间可以相互转换。

- 背景内容：可以将新建文件的背景颜色设置为白色、背景色、透明等。

接下来就可以结合上述对Photoshop软件具体功能的讲解，开启数字绘画欢乐之旅的大门，一同领略数字绘画的艺术创作魅力。

图3-37_新建文档对话框

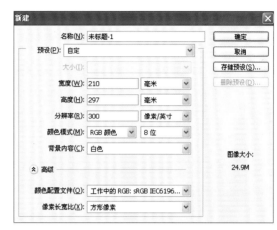

■ 图3-37

3.3 二维和三维结合应用

专业的数字绘画设计师应该具备二维和三维软件灵活驾驭和运用的能力。在设定影视游戏的世界观构架时，设计师必须要绘制大量场景设计图来辅助世界观的概念设计。在设计复杂的场景时，可以运用二维和三维软件结合的方法快速有效地绘制出想要的场景。运用三维软件搭建基础场景模型，设计和建模可以同时进行，建模后进行简单的光影渲染，并导入到二维软件中继续绘画，并设计细节。这样的方法笔者称之为三维辅助绘画方法。

这种方法有众多优点，如可以准确地绘制出复杂的场景透视，可以绘制出准确的光照角度和影子造型，可以灵活选择绘画角度和镜头设置，可以更直观地明确场景中的空间布局和位置关系，这一切都可以快速提高设计师作画的效率。

下面给大家推荐一个三维软件——SketchUp。笔者在工作中经常运用该软件进行建模和实时渲染。这个软件操作简单易学，可以帮助设计师事半功倍提高工作效率。掌握SketchUp软件后，从建模到渲染导出图片仅需要半小时左右，然后运用Photoshop软件在SketchUp的导出图片上继续绘制，非常方便。

在概念设计行业中，设计师需要运用各种方便快捷的软件来使工作更加轻松高效。接下来具体讲解SketchUp软件的功能及其与Photoshop软件如何配合应用。

3.3.1 认识SketchUp

SketchUp相对于其他大型三维软件来说是相对"傻瓜式"的绘图软件，操作起来方便简捷，三维可视化实时渲染的效果有利于展现数字绘画师的想法。图3-38是SketchUp软件的操作界面，由上至下、由左至右分别是工具栏、组件、材质、阴影设置、样式等面板。这些是建模和渲染中常用到的功能。场景建模好后，可以通过不同的样式来展现模型，常用的模式有两种，普通模式（图3-38）和线框模式（图3-39）。这两种模式都有助于后期利用Photoshop软件进行绘画处理。

SketchUp软件具有超强的镜头变焦功能，可以通过软件操作，手动调节镜头的长短焦距来达到想要的镜头效果，图3-40为较舒服的电影镜头，图3-41为很夸张的广角镜头，它的水平视角一般大于30°。由于镜头的视角较宽，可以包容的景物场面较大，因此在表现空间环境时具有较强的优势。一般来讲，采用SketchUp软件绘制的广角镜头效果同广角镜头拍摄的画面效果是一样的，都具有以下三个特点：1.焦距越短，景深越大；2.画面的空间透视感强，尤其是摄像机的位置，距离被摄体越近，线条的透视效果就越强烈，变形夸张效果也就越明显；3.对横向运动物体表现力较弱，对纵向运动的物体表现力较强。图

3-42是采用长焦镜头绘制的画面，有三个特点。1.视角小。所以，景物的空间范围也小，在相同的拍摄距离内，长焦镜头所拍摄的影像大于标准镜头。适用于拍摄远处景物的细部和不易接近的被摄体。2.景深短。所以能突出处于杂乱环境中的被摄主体。也会给精确调焦带来一定的困难，如果在拍摄时调焦稍微不精确，就会造成主体虚糊；3.透视效果差。这种镜头具有明显的压缩空间纵深距离和夸大后景的特点。

SketchUp软件的功能除了建模方便快捷、实时渲染以及强大的镜头效果外，笔者还要介绍样式、材质、组件、阴影设置、雾化等功能。样式（图3-43）有多种选择，可以表现出不同风格的模型效果。材质（图3-44）

功能自带丰富实用的贴图，多为建筑、植物、山、水等，基本满足普通场景的贴图需求，也可以自己导入贴图，自行编辑。组件（图3-45）是软件自带的免费模型应用，需要连接网络，可以通过谷歌来实现共享你做的模型，谷歌同样提供了大量来自全球的共享模型资源供下载使用。阴影设置（图3-46），作用是为场景打光，营造真实的光影世界，可以设置月份和季节，不同月份和季节太阳直射角度不同，也可以设置时间，一天中不同时间太阳的照射位置也是不同的，还可以根据画面和故事的需要进行设置。雾化（图3-47）是使场景展现出近实远虚的空间效果。

图3-38_SketchUp的操作界面，普通模式
图3-39_线稿模式
图3-40_调节好的较合适的拍摄镜头
图3-41_夸张变形的广角镜头，可以拉伸场景的空间层次距离，一般拍摄大场景的纵深会用到

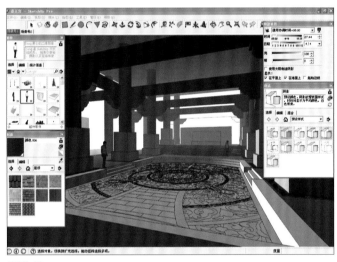

■ 图3-38

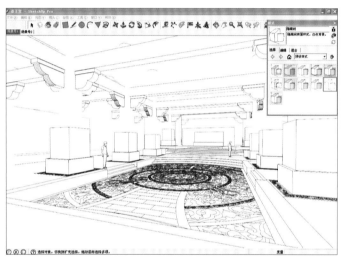

■ 图3-39

■ 图3-40

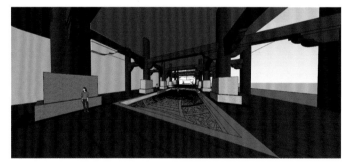

■ 图3-41

■ 图3-42

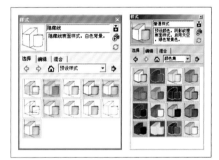

■ 图3-43

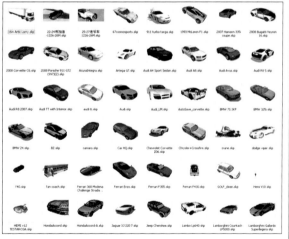

■ 图3-44

■ 图3-45

■ 图3-46

■ 图3-47

图3-42_空间被压缩的长焦镜头，能够很好地表现和还原场景中的各个物体的造型和细节，不会变形，但其拍摄的视角小、景深短、透视效果较差

图3-43_样式窗口，常用到的是线框模式和正常模式

图3-44_材质窗口，可以快速有效地为模型添加材质

图3-45_组件窗口，可以通过网络下载免费模型来构建画面

图3-46_阴影设置对话框，可以为场景打光，根据季节和时间调节出不同的光线强弱和角度

图3-47_借用雾化来实现场景的空间虚实层次变化

3.3.2 SketchUp与Photoshop软件的综合应用

　　本节将展示如何结合利用SketchUp与Photoshop软件来高效绘制一张概念图。

　　确定设计方案后便进入效果图制作阶段，首先用SketchUp 软件来建模（图3-48），利用组件以及网络共享的模型，大约在30分钟内简单便可完成场景的模型制作和布局。其中人物模型、竹筐、推车、树以及楼梯都是免费下载的组件，帐篷、货架、建筑是自己建模，非常节省制作时间。接下来导出三张jpg图片来，分别是正常模式（图3-48）、线框模式（图3-49）和光影模式（图3-50），将三张图导入Photoshop中，开始绘制概念图（图3-51），要依照模型和线框来绘制，保证比例透视的准确性，将光影图叠加在最上方，确保光影造型的准确，做到这些基本上就能轻松地绘制出写实的场景来。整个绘制大约用时4小时，如果不用 SketchUp 帮助，直接用 Photoshop 绘画，在同等画功下，以透视、比例、光线的准确为前提，大约需要用两倍以上的时间。

■ 图3-48

■ 图3-49

■ 图3-50

图3-48_利用组件以及共享模型来绘制作品，导出JPG格式图片
图3-49_线稿模式，并导出JPG格式图片
图3-50_设置光线为午后时间段的阳光，并导出JPG图片
图3-51_将导出的三张JPG图片放置于Photo-shop中完成概念图

■ 图3-51

DIGITAL PAINTING DESIGN

修养篇

CHAPTER 4
数字绘画师的艺术修养

本章将介绍笔者多年来总结的数字艺术创作经验以及绘画艺术知识，并通过实际案例，用通俗易懂的方式让基础不同的广大读者都能理解艺术修养方面的相关知识，从而提高大家的艺术修养。讲解时，会以国际电影美术作品的截图为例来进行分析讲解。举例所用的这些作品是众多幕后优秀专业人士的智慧结晶，这当中就包括优秀的美术设计师为画面设计出符合故事背景的艺术造型，优秀的摄影师为画面选择合适的镜头角度进行拍摄，杰出的灯光师打出符合故事情节的灯光，优秀的演员在画面中施展表演天赋，当然还有导演的组织安排和团队合作。下面就根据这些优秀美术作品截图来分析数字绘画所需要的一些艺术修养方面的知识吧。

本章概述

从数字插画角度归纳出艺术修养在实际运用中的一些知识点，并用实际案例进行分析，对视觉引导、构图平衡、镜头与故事情节、光影与气氛、色彩与情感等知识进行讲解。

本章重点

活学活用，将通过分析鉴赏学到的知识运用到创作中去，是本章的重点和目的。

4.1 视觉中心与视觉流程

视觉中心是受人的心理与生理影响，按照视觉阅读习惯形成的中心位置，通常是指画面中最能引起人们注意的区域。画面的主体信息通常会被安排在视觉流程的停留点，有利于突出主题，使其一目了然，给读者产生强烈的特定的心理影响。

视觉中心通常能安排在画面上部，容易形成最佳视觉区域。画面上部比画面下部更引人注目，视觉中心位于此处会给人一种积极向上、提升、轻松、愉悦之感。与之相对，视觉中心位于画面下部通常会给人沉重、下沉、稳定之感。图4-1为克雷格·马林斯绘制的电影概念图，画面的视觉中心在画面下方，给人一种稳定的感觉，也给护戒使者带来希望。

图 4-1_ 克雷格·马林斯为《指环王》绘制的电影概念图

■ 图4-1

另外，除了上下之分，相对而言，视觉中心在画面的左侧比右侧也更容易吸引读者注意。一般来讲左边感觉舒展、轻便、自由、富有动感，右边则给人拘谨、紧凑、稳重的感觉。这两种视觉中心的位置并不是一成不变的，而是要根据主题的内容及画面运动的方向来选择。图4-2是克雷格·马林斯为电影《纳尼亚传奇》（The Chronicles of Narnia）绘制的概念图，画面的左侧有光亮，而有光亮的地方往往视觉对比强烈鲜明，能够第一时间抓住观众的眼球，引导观者视线以由左到右的顺序浏览画面，使观众明确画面的环境和故事发生的场景。

视觉流程是指画面对观者的视觉引导，是视线随着构成画面的各种不同物体及要素在画面中所形成的运动轨迹。绘画者根据力的运动方向，重心与重力平衡关系，利用视觉移动规律，通过意图与主题关系，合理安排，有序组织，诱导读者形成从主到次看画面内容的一条视线，故称视觉流程线。这条视觉流程线也是构图的生命线，观众按照视觉流程顺序，能迅速地阅读画面、接受画面内容和信息。如图4-3所示，画面的中心是处于中景的大船，通过大船周围四面八方的划艇，形成了聚集构成形式，使视觉集中在大船上。这里作者便是借用平面构成来合理组织画面，形成了视觉流程，进而加强了视觉中心。

图4-2_克雷格·马林斯为电影《纳尼亚传奇》绘制的概念图

图4-3_克雷格·马林斯绘制的概念图，画面呈现聚集的构成形式

■ 图4-2

■ 图4-3

4.2 平衡

平衡是指画面的视觉形状、大小、色彩等要素，以某一点为中心做上下或左右同量不同形的构成，取得一种整体上力的和谐。因此力成为组成画面平衡的一种有效手段。通常位于图片上方的物体，其给观者心理上的力要比位于图片下方的物体要大一些，相同的元素位于右方的物体要比位于左方的物体的画面力量感大一些。这种现象是由于人们平常习惯于从左到右观看景物或阅读书籍导致的（日本等一些地方的不同阅读顺序除外）。杠杆原理同样也告诉我们，画面中相同的形体越是远离画面中心，其画面力量感越大。由此在构图中要周全地考虑到平衡中心的位置，以及主要物体与次要物体在形状、大小、比例、颜色等方面的关系，以实现心理平衡。

概念设计图多为横幅构图，需要左右的平衡，即画面中左右两边物体的面积大小与离画面中心的距离成反比关系。图4-4是电影《格林兄弟》（The Brothers Grimm）的截图，画面中右边部分被面积较大的深色建筑占据着，为了保持画面的平衡，画面左侧会设计一棵树以及演员由左至右的移动，这些都是为了满足平衡画面的需要，如果没有这棵小树，画面就会失衡。

4.3 镜头角度

从水平面看，镜头角度大体分为正面、斜侧面、正侧面、侧背面和背面；从垂直面看，镜头角度又可分平角、仰角和俯角。

- 正面角度一般会给人以庄严、稳重、对称和呆板等感觉。
- 侧面角度可以增强画面的立体感，使构图更加生动活泼。
- 仰角可以使画面产生近高远低的透视效果，除了表现主观视线外，也可用于表现高大的建筑物，表现崇敬、仰慕、惊恐等感觉。
- 俯角画面透视感强，有夸张的效果，能够表现藐视、恐怖等感觉。

在构图中，镜头的角度安排非常重要，良好的镜头角度能够直观表达画面主题内容和思想。平拍、仰拍、俯拍以及主观镜头、客观镜头（上帝视角）、过肩镜头、跟拍镜头等在影片拍摄时常用到，这些也是数字绘画创作中常使用的镜头。

图4-5为电影《潘神的迷宫》（Pan's Labyrinth）的客观镜头，这样的镜头能很好地表达出画面中两个人物以及中间的怪石的位置关系，表现出两个人物初次见面的情景，画面构图上左右对称，彼此平等交流。

用镜头说话是影视也是CG数字绘画的一个手段，图4-6和图4-7为电影《特洛伊》（Troy）中的一个跟拍镜头，跟随着木马进入到城内的镜头暗示着，藏于木马内的人将随着木马进城，潜入城内攻下城池。

■ 图4-4

■ 图4-5

■ 图4-6　　　　　　　　　　　　　　　　　　　　　　■ 图4-7

4.4　镜头景别、景深以及叙事

场景中所表现场面的大小、拍摄内容与情节、摄像机与被摄物体之间的远近，都要根据具体的剧情进行安排。我们常常用不同景别来界定或设计镜头画面的范围，确定画面场景远、近、大、小不同的画幅。

- 景别：一般分为大远景、远景、全景、中景、近景、特写和大特写。不同的故事情节以及描述内容要选择不同的景别。
- 景深：指能使被摄景物产生较为清晰影像的最近点和最远点的距离。当镜头聚焦于被摄景物中的某一点时，这一点便可清晰成像。在这一点前后一定范围内的景物也能被记录得较为清晰。这种清晰的范围越大，景深就越大；反之范围越小，景深就越小。

镜头的运用与影片故事息息相关，下面就来看一下镜头景别以及景深在影片叙事中的运用。如图4-8所示的这一组镜头，采用全景景别和四平八稳的画面来阐释故事，展现了夜晚四下无人时，木马内的士兵击破木马跳出来的场景。第一个镜头通过平视的视角和全景景别，很好地描述了时间、地点和木马周边环境。第二个镜头通过俯拍角度、倾斜镜头和广角镜头，展现了木马的近景景别和人物的全景景别。此时的画面景深关系被拉开，通过景别和景深来描述木马内的士兵从木马中跳出来的场景。不同的镜头景别传达出不同的信息，而将这两个镜头的视角、景别和景深等颠倒会传达出错误的信息。也就是说，主题故事的传达和镜头视角、景别、景深等有着密切的联系。

如图4-9所示，电影《恐怖游轮》（Triangle）这一镜头，以主观镜头、平视角度、小全景别和较为夸张的纵深，给观众带来置身其中的压抑和未知的恐慌感受，仿佛是某个恐怖杀手看着走廊里不知危险就要降临的游客。

镜头拍摄的位置和角度，往往比文字描述更有力量。图4-10所示的是电影《死亡录像2》（[Rec]^2）中的一个镜头，拍摄时采用主角的主观镜头，以仰拍的方式，小全景到特写的景别拍摄受病毒感染的行尸，纵深关系较小，整个画面比较压抑，观众能真实感受到人物的紧张与慌乱。为了营造真实的紧张感，仿照手持DV拍摄形式，故意制造出抖动、构图偏移、歪斜等画面，加强故事的真实感，增加恐怖气氛。

■ 图4-8

■ 图4-9　　　　　　　　　　　　■ 图4-10

4.5 镜头与空间

用二维画面来展现三维空间是艺术家一直所追求的理念。除了透视原理、近大远小、前后遮挡、大气密度以及明暗关系等区分手法外，还可以利用大家忽视的镜头。选择合适的镜头能使画面空间增大。例如图4-11中，通过士兵队伍的远近对比、近大远小、近疏远密以及对角线式的构图方法，很好地表现出了场景的空间纵深感。

图4-12为电影《角斗士》（Gladiator）中的画面。拍摄的角度使得城墙在画面中构成对角线形式，加强了场景的空间纵深感和视觉方向感，表现出皇家竞技场的雄伟霸气。

图4-13为电影《闰年》（Leap Year）中的场景，画面主要展现了空间纵深关系。画面中明暗的衰减、层的遮挡、近大远小等都与取景关系密切。

图4-11_电影《特洛伊》中的场景
图4-12_电影《角斗士》中的场景
图4-13_电影《闰年》中的场景

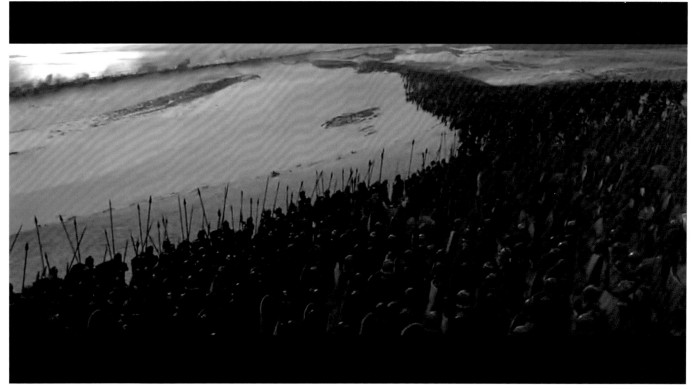

■ 图4-11

■ 图4-12

■ 图4-13

4.6 光影与气氛

光的基本属性包括以下几个。

- 光源位置：光源相对物体所处的方向和距离。
- 柔和度：由光的漫反射程度、光源面积和光的强度等因素所决定的光照射到物体上时的柔和程度。
- 亮度：光的明亮程度。
- 色彩：光源的颜色属性。
- 衰减：由于光波的放射性运动而产生的单位面积上光的强度逐渐变弱的现象。
- 遮挡：在光的传播过程当中，由于物体的阻挡而产生阴影的现象。
- 色温：19世纪，英国物理学家凯尔文（Kelvin）注意到碳发出的光会随着温度的不同而产生出不同的颜色，由此发现了色温。比较低的色温可以使曝光出现偏红色的光，比较高的色温可以使曝光出现偏蓝色的光。
- 光通常分为两类：自然光与人造光。按光线的性质可分为直射光和散射光两种。按光源的投射方向可分为顺光、侧顺光、侧光、侧逆光、逆光、顶光和脚光。

光按基调可分为高调（图4-14）、低调（图4-15）、软调（图4-16）、硬调（图4-17）和中间调。

气氛是指在一定环境中给人某种强烈感觉的精神表现或现象，也指一定的氛围。气氛弥漫在空间中，能够影响观众的心理情感。在绘画中，气氛的传达能够触及到观众的情绪，打动观众并产生共鸣。不同的气氛可以传递给观众紧张、兴奋、沮丧、恐惧、高兴、热烈、冷漠、积极、消极等不同的情绪。

有光影便会产生明暗深浅的变化，显现物体的轮廓和结构，展现丰富的色彩。光影是一幅画不可或缺的重要因素，同时也是营造气氛的重要因素，通过光照射角度以及

光影强弱形成的造型和色彩都能营造出不同的气氛。在CG影视概念设计中，需要根据剧情来设定气氛，再根据设定好的气氛来设计光影，所以我们看到很多电影的光影都能恰到好处地表达出故事的氛围。下面详细讲解一下不同的光影产生出的不同气氛效果。

如图4-18所示的电影《丁丁历险记：独角兽号的秘密》（The Adventures of Tintins：The Secret of the Unicorn）中，冷冷的月光穿透窗户照进室内，在地面上形成条形光斑，近景物体的暗部形成恐怖的剪影。物体的硬轮廓与柔和的光线形成对比，仿佛有人在站在上方观察着主角并在寻找机会杀死他。

如图4-19所示的电影《盗梦空间》（Inception）画面中这一束光线唯美至极，仿佛梦境一样，室内偏暗，夕阳的光线正好投射在人物身上，突出了她的美丽。

如图4-20所示的电影《两杆大烟枪》（Lock，Stock and Two Smoking Barrels）的主光画面中，源是脚光源，调子是低调子，用这样一个角度的光线照射在人物脸上，更显阴森可怕，几名黑人大汉挤在狭小的空间中，让人胆寒地透不过气来。

如图4-21所示的电影《黑暗骑士》（The Dark Knight）的画面中，蝙蝠侠因没能救出心爱的女人而心情低落，为了渲染这一情节，整个光线是暗淡压抑的，人物呈现剪影状，用低矮的微量火光点缀画面。人物如定格的雕塑，低着头一动不动，只有火在燃烧着。

如图4-22所示的电影《爱丽丝梦游仙境》（Alice's Adventure in Wonderland）的画面中，运用了软调光线，周围环境是一片黑暗，只有左上角有丝丝缕缕的柔弱光束照进来，远处朦胧幽暗，近景人物与植物都有很强的高光，烘托出危险紧张的神秘气氛。

| 图4-14_自然光的高调画面

■ 图4-14

■ 图4-15

■ 图4-16

■ 图4-17

图4-15_自然光与人工光结合的低调画面

图4-16_自然光，顺光的软调画面

图4-17_脚光源硬调画面

图4-18_电影《丁丁历险记：独角兽号的秘密》的画面

图4-19_电影《盗梦空间》的画面

图4-20_电影《两杆大烟枪》的画面

图4-21_电影《黑暗骑士》的画面

图4-22_电影《爱丽丝梦游仙境》的画面

■ 图4-18   ■ 图4-19

■ 图4-20   ■ 图4-21

■ 图4-22

4.7 光影与主题

绘画作品都有一定的主题，除了画面本身，作者的思想或者意图也是绘画的主题。主题需要通过光影来体现。光影可以使画面中的造型和色彩更突出。因此，在表现主题时，光影的强弱、打光的位置都是非常重要的。为什么很多初学者的作品，画面平淡，内容或不够突出，或喧宾夺主，这些问题的原因就是没有合理地统一光线。主光源也投射在重要物体上，主体物要明暗分明。为了突出主题，可以通过背景强光照射，衬托出主体的剪影轮廓。画面打光为的是照亮该突出的地方，就像话剧、歌舞剧一样，光都是打在表演者身上。在绘画中，光也是要照在重要物体上面，从而突出要表现的物体，而对其他次要的物体要尽可能地弱化光影，让画面不再是大平光，让画面光影更有层次，主次更为合理。

图4-23是电影《雨果》（Hugo）中的场景，画面中小男孩望着机器人，形成两个对视说话的主体。光线照亮男孩的左侧轮廓，让男孩的明暗在环境中凸显出来。光线还照亮了机器人，使机器人的动作和眼神格外突出。

图4-24是电影《战马》（War House）中的场景。这一镜头弥漫着战争的气息，光线昏暗，但通过由近到远的深浅变化，展现出了场景的前后层次，并交代了人物以及故事发生的环境，让战争这一主题清晰表现出来。昏暗柔和的光影掩盖了战场中琐碎的细节，让战场中的人物和残骸的剪影格外突出，传递出了电影的主题。

图4-25所示的画面营造出外星人出现时的神秘气氛。画面中耀眼橙色光芒奠定了画面的奇异气氛，屋内的道具陈设被设定为暖色调，与外面的橘黄色调子统一和谐，炫目的光辉照亮了整个屋子，吸引观众眼球的同时引起了观众的好奇心。

图4-26是电影《指环王》中的场景。这画面借用朦胧的光影以及周围环境的设计衬托出情意绵绵的气氛。通过背景的柔光反衬出男女主角的剪影轮廓，让人物在环境中格外突出，画面周围的植物光影较暗，细节也较为模糊，起到很好的衬托作用。

强光更能强调主体。刺眼的光线，向外扩散着的光束，更容易吸引人的注意力，如图4-27所示。

如图4-28所示，昏暗的地下城内，光线总能引起观众的注意，画面中大面积的黑暗与微弱的亮光形成对比，通过光线传达出故事的氛围。

图4-23_电影《雨果》中的场景

图4-24_电影《战马》中的场景

图4-25_《第三类接触》（Close Encounters of the Third Kind）中的场景

图4-26_电影《指环王》剧照一

图4-27_电影《指环王》剧照二

图4-28_电影《指环王》剧照三

■ 图4-23

■ 图4-24

■ 图4-25

■ 图4-26

■ 图4-27

■ 图4-28

4.8 色彩与情感

色彩是具有情感的,人们通过色彩产生心理错觉,便会产生感情。冷色与暖色是依据心理错觉对色彩进行的物理性分类。红光和橙、黄色光本身有暖意,照射任何物体都会产生暖色调。相反,紫色光、蓝色光、绿色光有寒冷的感觉,往往会使被射物体产生阴暗的感觉。

冷色和暖色还能给人如重量感、湿度感等其他感受。暖色偏重,冷色偏轻;暖色密度大,冷色稀薄;冷色透明感强,暖色透明感较弱;冷色显得湿润,暖色显得干燥;冷色有后退感,暖色有迫近感。色彩的情感是因为人们长期生活在色彩的世界中,积累了许多视觉经验,视觉经验与外来色彩刺激产生呼应时,就会在心理上引出某种情绪。无论是有彩色还是无彩色,都有自己的表情特征,每一种色相当纯度和明度发生变化,或者与不同的颜色搭配时,其表情也就随之改变了。因此说出各种颜色的表情特征,就像要说出世界上每个人的性格特征一样困难,然而对于典型的性格,我们还是可以做一些描述的。图4-29为斯姆克罗维奇·维多利(Smukrovich Vitold)的油画作品,作品通过朦胧柔和的色调,在玫红与白色的色彩中混合着灰紫、墨绿等颜色,使画面中的女孩优雅脱俗,画面自然而和谐。

除冷暖色系具有明显的心理区别外,色彩的明度与纯度也会引起人的心理变化。一般来说,颜色的重量感主要取决于色彩的明度,暗色给人重的感觉,明色给人轻的感觉。纯度与明度的变化还会给人以色彩软硬的印象,如淡的亮色使人觉得柔软,暗的纯色则给人强硬的感觉(图4-30)。大千世界,万物形体造型都有各自的特征,而色彩则能更为直观地表现物体的属性和特点。比如马路前方很远处的红绿灯,司机不会注意灯的外轮廓造型,而会注意灯的颜色,这里颜色传达的是交通信息。所以颜色有时会比造型更重要,传达信息也更直接。

图4-31所示的粉紫色调画面,展现出唯美梦幻的感觉;图4-32所示的淡蓝色给人窒息寒冷的感觉;图4-33中像血一样的暗红色,传达给人死亡的信息。

图4-29_斯姆克罗维奇·维多利的油画作品

■ 图4-29

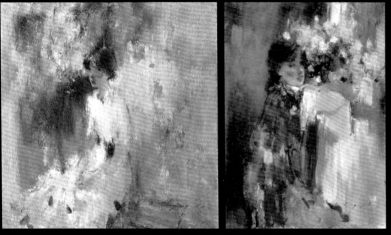

■ 图4-30

图4-30_改变颜色的纯度和
明度的效果

图4-31_ 电影《诡秘怪谈》
（Legend）剧照

图4-32_电影《后天》（The
Day After Tomorrow）剧照

■ 图4-31

■ 图4-32

■ 图4-33

图4-33_电影《业历山大大帝》（Alexander）剧照

除了大面积色调外，画面中也要注意冷暖色的对比和搭配。在如图4-34所示的剧照中，冷色大环境色调下，暖黄色调能引起观众的注意，从而印证了大面积与小面积冷暖对比的作用。图4-35中，玫瑰红的色调很漂亮，画面中美丽女人在玫瑰花瓣的衬托下，格外美艳。图4-36中，近景冷色花丛与远景暖色花丛形成冷暖对比，拉近了画面前后空间关系。图4-37和图4-38是对自然界叶子颜色的分析和提取。从中我们可以发现，无论什么叶片，从中随意提取出五六种颜色后放置在一起，基本是和谐漂亮的，我们可以利用这些颜色来作画。笔者将平时常用的漂亮颜色进行归类总结，积累了一些颜色配色方案图，如图4-39至图4-41所示。作画时可以从中挑选合适的颜色配色方案运用，以节省时间、提高效率。

图4-34_电影《雨果》剧照
图4-35_电影《美国丽人》（American Beauty）剧照

■ 图4-34

■ 图4-35

图4-36_电影《诡秘怪谈》剧照
图4-37_叶片的颜色提取与分析一
图4-38_叶片的颜色提取与分析二
图4-39_笔者累积的多种配色方案之一
图4-40_笔者累积的多种配色方案之二
图4-41_笔者累积的多种配色方案之三

■ 图4-37

■ 图4-38

■ 图4-36

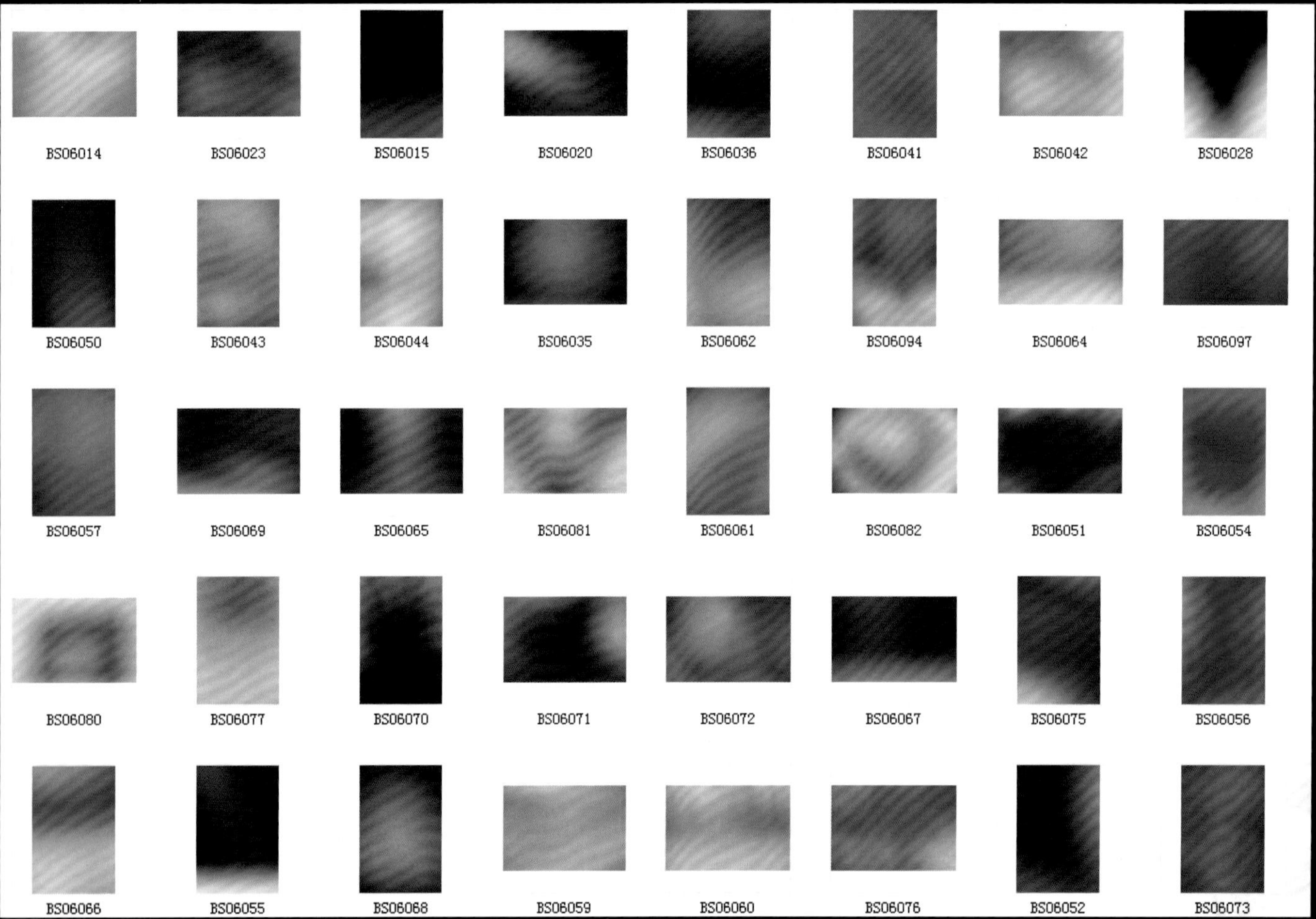

BS06014	BS06023	BS06015	BS06020	BS06036	BS06041	BS06042	BS06028
BS06050	BS06043	BS06044	BS06035	BS06062	BS06094	BS06064	BS06097
BS06057	BS06069	BS06065	BS06081	BS06061	BS06082	BS06051	BS06054
BS06080	BS06077	BS06070	BS06071	BS06072	BS06067	BS06075	BS06056
BS06066	BS06055	BS06068	BS06059	BS06060	BS06076	BS06052	BS06073

■ 图4-39

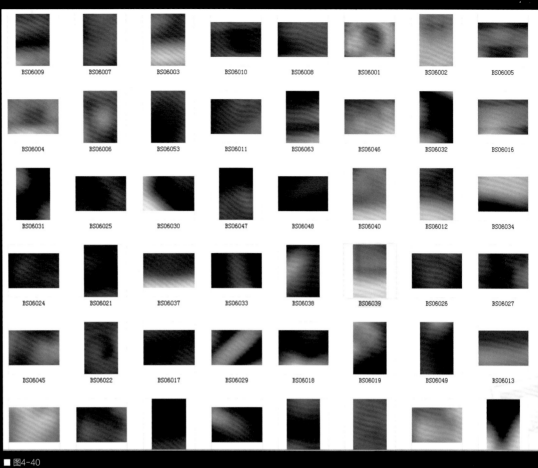

BS06009 BS06007 BS06003 BS06010 BS06008 BS06001 BS06002 BS06005

BS06004 BS06006 BS06053 BS06011 BS06063 BS06046 BS06032 BS06016

BS06031 BS06025 BS06030 BS06047 BS06048 BS06040 BS06012 BS06034

BS06024 BS06021 BS06037 BS06033 BS06038 BS06039 BS06026 BS06027

BS06045 BS06022 BS06017 BS06029 BS06018 BS06019 BS06049 BS06013

■ 图4-40

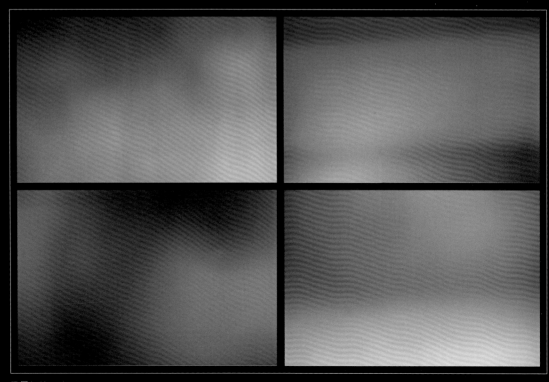

■ 图4-41

4.9 造型与性格

影视动画要想占领国际市场不能只依靠技术，更重要的是创造全球化的、具有无限发展空间的角色形象。好的角色形象不仅具有艺术价值，而且具有很大的商业价值。角色的形象设计是影视动画创作的重要内容，因此，形象设计一定要准确定位，要深入挖掘角色的个性，进行全方位的设计。角色的形象是运用美术造型技法和手段创造出来的。CG概念设计的角色造型设计，包括真人服装化妆造型的概念图、电脑生成的二维或三维的角色形象等。它们是影片的演员，可以传达感情和意义，能够推动剧情的发展，具有性格特征和人格魅力。

影片角色形象的创作过程是导演根据文学剧本描述的角色外貌和性格特点，进行素材搜集、提炼概括以及形象创造的过程。它是一个将朦胧的意识明朗化，将意念形象化的设计过程。角色造型设计不能只注重形象的外形与轮廓，还应该考虑角色的身份与性格。

角色造型是形态各异的，有迟钝的、怪癖的、聪明机灵的、天真活泼的、浪漫风趣的等等。在设计角色造型之前首先要明确所设计角色的性格特征，在故事人物描述基础上寻找和发现角色造型的原始素材，经过反复筛选与提炼后，开始设计形象。

要想充分凸显一个角色的性格特点，它的服饰必须与其所处的社会政治环境相一致。在颜色方面，通常角色造型的色彩设计选用的颜色种类较少、配色简洁。当某种颜色在设计与配色中占的比例较大时，角色就会给人以该颜色为基调的色彩感觉。设计人员和观众在影片角色的性格与色彩的关系方面有共同的认知和判断。针对特定的性格，色彩设计有相同的色彩习惯，这显示出角色的色彩蕴涵的性格意义具有共通性。

图 4-42 为电影《黑暗骑士》中的小丑形象，老版和新版电影中的小丑形象各有各的特点，旧版小丑具有鬼才

导演蒂姆·伯顿系列电影的一贯风格，怪诞滑稽甚至有点好笑，而新版的小丑是由诺兰导演的，更为阴森、黑暗、疯狂甚至精神分裂。图4-43为电影《V字仇杀队》（V for Vendetta）中的面具，神秘、风趣有魅力。图 4-44 为电影《黑色星期五》（Friday the 13th）中的杀人恶魔，图 4-45 为电影《剪刀手爱德华》（Edward Scissorhands）中的男主角爱德华的造型等等。图4-46为电影《生化危机》（Resident Evil）中人物的服装造型设计很酷，几层腰带的设计不仅突出人物纤细性感的腰身，而且也能表现出其强悍的性格。这些形象的设计都与人物性格密不可分。除了上面公认的造型形象外，笔者还找了一些其他的造型来进行分析。

图4-47为《潘神的迷宫》中的石头形象，造型与普通石头极不相同，容易引起主角注意。图4-48中树的设计也与周边树的造型不同，为的是突出主体，塑造树神秘诡异的性格特点。

电影《指环王》中山洞周围环境的设计充分说明洞内神秘邪恶力量的可怕。光秃秃的怪树，凌乱的杂草以及怪异的岩石，这种环境的造型设计表现了即将出场人物恐怖阴森的性格，如图4-49所示。

图4-50所示的狼人是电影中常出现的形象，该狼人造型在设计上是将人物与狼结合，以人的造型为基础，加入了狼的元素，使得人变成狼人的造型看上去合乎常理，由于狼人的体积硕大，所以把衣服也撑破了。此处就是通过这种造型特征传达出狼人凶残粗犷的性格特点。

在图4-51所示的恐怖的浓雾气氛中，一个酷似骷髅的机器人造型着实能吓人一跳。红色眼睛的设计，手掌形状酷似猫科动物的爪子，这些造型设计都极力让人感到恐怖，从而很好地诠释出了角色的性格特点。

■ 图4-42

■ 图4-43

■ 图4-44

■ 图4-45

■ 图4-46

■ 图4-47

■ 图4-48

■ 图4-49

■ 图4-50

图4-48_电影《潘神的迷宫》剧照
图4-49_电影《指环王》中环境造型的塑造
图4-50_电影《狼人》（The Wolfman）中的狼人形象
图4-51_电影《终结者》（Terminator）中的恐怖造型设计

■ 图4-51

4.10　质感与视觉冲击力

在造型艺术中用不同技巧表现不同物象的真实感称为质感。不同物质表面的自然特质称为天然质感，如空气、水、岩石、竹木等；而经过人工处理的物质表面的特质则称人工质感，如砖、陶瓷、玻璃、布匹、塑胶等。不同的质感给人以软硬、虚实、滑涩、韧脆、透明与浑浊等多种感觉。在作品中需要表现出各种物体所具有的特质，如丝绸、肌肤、水、石等物质的轻重、软硬、糙滑等不同的特征，给予人们真实感和美感。在画面中质感的恰当运用和放大，都能带来不同的视觉冲击。

一幅画除了有能打动人的故事核心、精神传达以及艺术品位外，视觉冲击力这种艺术表达形式也很重要。有冲击力的作品才会受到更多人的关注，才有可能把画的内容核心传递出去。

视觉冲击可以通过多种方式来表现，除上述讲到的镜头、构图形式、色彩和造型外，还可以利用质感来表现视觉冲击。

图4-52所示为电影《寂静岭》（Silent Hill）中人物面部烧伤后的怪异肌理质感。通过这种恐怖的肌理质感表现，能够让观众不寒而栗，达到了造成视觉冲击的目的。如图4-53所示，电影《艾利之书》（The Book of Eli）中钢筋水泥断桥残骸的肌理质感冲击着整个画面。如图4-54所示，山洞内横七竖八的枯树枝，在顶光的照射下所表现出的斑驳的质感让人感到恐怖。

如图4-55所示，电影《盗梦空间》里采用了日式格栅的肌理花纹，并通过镜面反射，使简单的室内场景变得丰富而有内容，也衬托出了人物的富贵身份。

图4-56所示是电影《黑暗骑士》的剧照。画面中是一堆燃烧着的美金，火光的亮与纸币的暗形成极富冲击力的视觉效果，以此强调小丑的目的和黑帮是不同的。

图4-57所示是电影《香水》（Perfume）的剧照。画面中一个肌肤光滑的婴儿躺在泥泞并且散发着恶臭的鱼堆中，血浆、鱼鳞以及周围垃圾等的质感表现，给予观者眼球强烈刺激，形成很独特的视觉冲击。

图4-52_电影《寂静岭》海报

图4-53_电影《艾利之书》剧照

■ 图4-52

■ 图4-53

图4-54_电影《潘神的迷宫》中的斑驳质感
图4-55_电影《盗梦空间》中的日式格栅纹理
图4-56_电影《黑暗骑士》中极富冲击力的画面
图4-57_电影《香水》中极富冲击力的画面

■ 图4-54

■ 图4-55

■ 图4-56

■ 图4-57

4.11　形式与视觉冲击力

通过相同元素的排列组合等平面构成的方式，能够增强画面的冲击力和震撼力。比如，图4-58中就运用了相同元素的重复来增强画面的视觉冲击力；图4-59中则运用螺旋旋转的方式来增强视觉冲击力；图4-60中运用了对称的构图以及点线面结合的平面构成方式来增强视觉冲击力；图4-61所示中运用了元素重复以及散射的方式来加强视觉效果。综上所述，同一元素有规律地重复，并按照一定形式组合，以散射、旋转等不同形式构成画面，视觉冲击力会比单一物体强很多。

图4-58_电影《创：战纪》剧照

图4-59_电影《潘神的迷宫》剧照

图4-60_电影《黑洞表面》剧照一

图4-61_电影《黑洞表面》剧照二

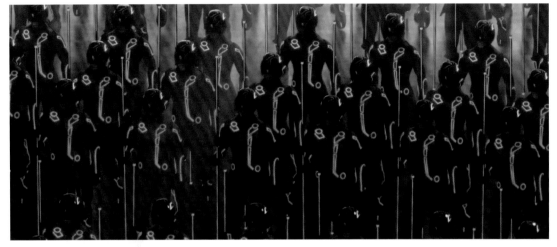

■ 图4-58

■ 图4-59

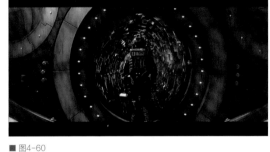

■ 图4-60

■ 图4-61

CHAPTER 5
构成形式与设计思维

本章主要讲解画面的构成形式、设计思维的培养、创意方式的发掘、设计方法的掌握，以及笔者总结出的设计规律和原理。本章从设计基础开始讲解平面、元素的构成形式以及创意思维的训练和培养，并在最后安排了优秀设计作品的分析学习和优秀学生作业欣赏。

本章概述

通过组合构成点、线、面、体、空间的方式，形成画面的表现形式。要运用发散联想思维，多观察多思考，学会分析优秀的设计作品，先从模仿开始，然后逐渐升到改良和创新。

本章重点

平面元素的组合构成、创意思维的训练、优秀的设计作品收集和分析。

5.1 平面构成的形式

　　平面构成富有极强的形式感，是商业设计师必须要学会并掌握的视觉艺术语言。接下来主要讲解平面构成中各个元素以及元素的组合方式。

　　平面构成中各个元素的排列组合方式包括以下几种：重复构成、变异、渐变、发射、肌理、近似构成、密集构成、分割构成、特异构成、空间构成、矛盾空间、对比构成、平衡构成等。图5-1为学生绘制的插画，画面中点、线、面各个元素的造型以及合理的分布排列组合使得画面构成的形式感很强。

　　在构成设计中，构成元素是表达一定含义的视觉元素。元素是有面积、形状、色彩、大小和肌理的视觉可见物。在构成中，点、线、面是造型元素中最基本的元素，因此由点、线、面的多种不同的形态结合和作用，就产生了多种不同的表现手法和元素。

5.1.1 点的构成形式

　　点的造型很容易让我们的视觉集中。点的连续排列可以形成虚线，点的密集排列可以形成虚面与虚体。点与点之间的距离越小，就越接近线和面的特性。

　　点的构成形式可根据点的大小、点的亮度和点与点之间的距离不同而产生多样性的变化，并因此产生不同的效果。同样大小、同样亮度及等距离排列的点，会给人秩序井然、规整划一的感觉，但显得相对单调、呆板。不同大小、不等距离排列的点，能产生三维空间的效果。不同亮度、重叠排列的点，会产生层次丰富，富有立体感的效果。

　　点虽然是造型上最小的视觉单位，但因为它有凝聚视线的作用，所以往往成为关系到整体造型的重要因素。

　　点的构成形式主要有以下几种。

● 不同大小、疏密的点混合排列，能够形成一种散点式的构成形式。

图5-1_学生创作的平面构成作品

■ 图5-1

- 如图5-2所示，将大小一致的点按一定的方向进行有规律的排列，能够给人一种线化的感觉。
- 由大到小的点按一定的轨迹、方向进行变化，能够产生一种优美的韵律感。
- 如图5-3所示，将点以大小不同的形式，既密集又分散地进行有目的的排列，可以产生点的面化感觉。

- 将大小一致的点以相对的方向逐渐重合，可以产生微妙的动态感。
- 不规则点的视觉效果如图5-4所示，画面中既有规则的点，也有不规则的点元素的排列。密集的规则点元素构成了线，线的聚集又构成了面。不规则点元素在面的衬托下，尤为突出，成为了画面的焦点。

图5-2_阿元摄影作品。采用相同的点元素有规则地按照一定方向排列，构成了纵深感极强并有节奏感、动态感的画面

图5-3_大众摄影网摄影作品。画面中以水滴作为点元素，并运用聚集的构成方式，使得点产生了面化的效果

图5-4_欧阳世忠摄影作品。画面中采用点元素的构成形式，有序的点排列构成了线，有秩序的线构成了面，而画面中无序摆放的点则被衬托了出来

■ 图5-2

■ 图5-3

■ 图5-4

5.1.2 线的构成形式

线在造型学上的作用是表达长度和轮廓。

线，因其粗、细、直、光滑、粗糙的程度不同，会给我们带来不同的心理感受。粗线给我们刚强有力的感觉，而细线会给我们纤小、柔弱的感觉；直线给我们正直、刚强的感觉，而曲线会给我们圆滑、柔和的感觉；光滑的线条会给我们细腻、温柔的感觉，而粗糙的线条会给我们粗犷、古朴的感觉。因此，不同线的选择，会对立体形态整体效果的表达产生重要的影响。

线的构成形式很多，或连接或不连接，或重叠或交叉，依据线的特性，在粗细、曲直、角度、方向、间隔、距离等排列组合上又会变化出无穷的效果。线的构成形式大致可以分为以下六种。

- 面化的线。等距的线密集排列即会形成面化的线，如图5-5所示。
- 疏密变化的线（按不同距离排列）产生的视觉效果。如图5-6所示，有疏密变化的线的排列，会产生出富有视觉变化的画面效果。
- 线条粗细变化产生虚实空间的视觉效果。如图5-7

所示，粗细线条在画面中起到不同的作用，粗线条可以作为单个造型明确的物体，比如竹竿；细密的线条可以面化，形成深浅调子，表现出空间纵深感和明暗光影感。

- 错觉化的线（将原来较为规范的线条排列做一些切换变化）。如图5-8所示，对有序排列的线，进行一些变化，从疏密、粗细、间距等方面进行重新排列，即可构成一个既统一又有小变化的线的构成。
- 立体化的线，如图5-9，通过对立体化的线进行疏密、粗细的排序，能够实现光影明暗变化的立体效果。
- 不规则的线。如图5-10，将不同形态造型的线无规则地分布构成在画面中，会形成有趣的图案。

图5-11是一张典型的由线构成的画面。20世纪20~30年代的德国的工业化程度已经非常发达，密密麻麻的钢 铁排成形式感很强的构成画面，画面中直线与弧线，粗线与细线的有机排列体现出现代设计的表现风格。桑德很好地让垂直的线条保持不变，非常完美地再现了这一壮观的场面。图5-12是人体摄影作品，拍摄时运用线条光影照射在人体上，产生出强烈的视觉冲击力。

图5-5_面化的线条。线条密集等距排列，整体给人面的感受

图5-6_线的疏密变化产生出带有节奏感的图案，让画面富有变化

图5-7_运用粗细变化的线段来体现空间纵深。粗线段可以作为明确物体造型，细密的线可以当作光影调子

图5-8_打破规律的线段排列，进行重组和设计，调整原本有规律的线的排列，让画面在统一有序中富有变化

图5-9_该图运用线的疏密、粗细等有序排列分布，构成明暗变化的立体视觉效果

图5-10_图中有粗细不同的线，有造型不同的线条，这些不同的线条以重叠、发散的构成方式无规则地分布，形成有趣的图案

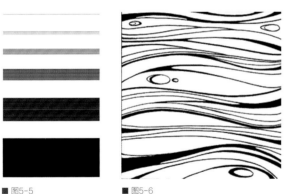

■ 图5-5　　　　■ 图5-6

■ 图5-7

■ 图5-8

■ 图5-9

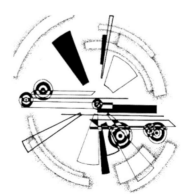

■ 图5-10

图5-11_《霍亨索伦大桥》，奥古斯特·桑德（August Sander）1927 年 拍 摄。直线与弧线、粗线与细线的有机排列。1927 奥古斯特·桑德 摄

图5-12_人体摄影作品。运用线条光影照射在人体上，产生出强烈的线条构成视觉冲击力

5.1.3 面的构成形式

面的构成形式有以下几种。

- 几何形的面。利用几何形的面，可以表现规则、平稳、较为理性的视觉效果。
- 自然形的面，不同外形的物体以面的形式出现后，会给人更生动、厚实的视觉效果。
- 不规则的面。利用不规则的面，能够丰富画面视觉效果，使画面奇特有趣，但是如果处理不好，会使画面显得杂乱琐碎。
- 有机形的面，特点：微型机、膨胀、优美、弹性（水滴、鹅卵石、扁豆、马铃薯等），柔和、自然、抽象的面的形态。
- 偶然形成的面。利用偶然形成的面，会使画面显得自由、活泼而富有哲理性。

图 5-13 是欧美漫画作品《蝙蝠侠》（Batman），其采用点、线、面结合的绘画形式，画面造型形式感强。在构图上运用黄金分割的方式，将焦点定格在蝙蝠侠身上，其四周有规律地分布着点和线的元素，画面中蝙蝠侠披风的剪影造型就是以面的方式出现的。在构成上采用不规则面，面的轮廓凹凸变化丰富，疏密得当，在画面构成中起视觉主导作用。图 5-14 所示，画面中的图形具有很强的形式感，采用动态人物外轮廓剪影的形式，使得人物在红

色背景中凸显出来，不规则的剪影造型，为画面带来生动、活泼、具有动感的画面形式。画面中红色和黑色均构成了面。蝙蝠侠的剪影造型可以看作是几何形的面，作为不稳定的倒三角出现在画面中，构成强有力的视觉冲击。猫女的剪影造型也可以当作不规则的面，猫的剪影可以作为自然形的面，让画面更生动丰富。画面中的造型、分布要讲究大小平衡和疏密得当。图 5-15 是电影《罪恶之城》（Sin City），采用漫画风格拍摄的画面。该剪影造型可以当作人物自然形的面，自然生动的人物轮廓，通过加强光影对比，使其形成鲜明的剪影造型，构成了正负形的面的对比，衬托出人物的外形和动作。

5.1.4 体的构成形式

体在造型学上有三个基本形：球体、立方体和圆锥体。而根据构成的形态区分，又可分为半立体、点立体、线立体、面立体和块立体等几个主要的类型。半立体是指以平面为基础，将部分空间立体化，如浮雕；点立体即是以点的形态产生空间视觉凝聚力的形体，如灯泡、气球、珠子等；线立体是以线的形态产生空间长度的形体，如铁丝、竹签等；面立体是以平面形态在空间构成中产生的形体，如镜子、书本等；块立体是以三维的、有重量和体积的形态在空间中构成完全封闭的立体，如石块、建筑

■ 图5-13

■ 图5-14

图5 13 欧美漫画作品《蝙蝠侠》。采用点、线、面结合的绘画形式，造型形式感强，具有设计感

图5-14 欧美漫画作品《蝙蝠侠》。画面中图形的设计和安排都非常具有形式感

图5-15 电影《罪恶之城》采用漫画风格拍摄的画面

■ 图5-15

物等。

　　在立体构成中，根据需要恰当地运用各种立体，能使作品的表现力大大增加。半立体具有凹凸层次感和各种变化的光影效果；点立体具有玲珑活泼、凝聚视觉的效果；线立体具有穿透性、富有深度的效果，通过直线，曲线以及软硬线可产生或虚或实、或开或闭的效果；块立体则有厚实、浑重的效果。图5-16所示的国外建筑模型中，相同体块的穿插组合构成表面高低错落的立体空间。在数字绘画中，可以借用3D软件来辅助设计。比如，设计一座建筑，可以运用3D模型来进行360。立体设计，这样可以全面地认识对象，当在3D软件中明确设计方案后，再在2D软件里绘制完成。图5-17所示的国外建筑设计草图中，利用不同高低错落的建筑群组合构成画面，展现出主次分明、建筑风格明确的立体构成。

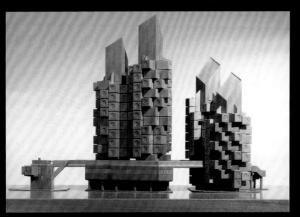

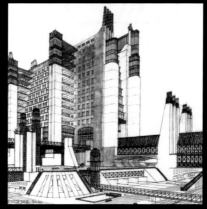

图5-16_国外建筑模型
图5-17_国外建筑设计草图

■ 图5-16　　　　　　　　　　　　　■ 图5-17

5.1.5 空间的构成形式

　　空间是由点、线、面、体占据或围合而成的三度虚体，具有形状、大小、材料等视觉要素以及位置、方向、重心等关系要素。空间的视觉效果与一系列因素有关。

　　空间是人活动的场所，活动是人最初占有空间的真正目的。闭合与开敞是空间的正负反映，是人类生活的私密与公共性的需要。空间的闭合程度影响着人们的心理空间，全封闭的空间给人以明确的领地感以及私密、安全、隔离感，尤其是当人处于面积较小的全封闭空间时这种作用力更为明显。部分开敞的空间更具有方向性、明暗与光影变化，以及与外界的联系，从而减少了空间限定的压力，使空间感有所扩大。全开敞的空间更减少了限定空间的面之间的作用而与四周物体发生了明显的力的作用，形成了更为强烈的连续感和融合感。

　　图5-18是电影《角斗士》的电影截图，在角斗场的环形空间中，导演采用闭合的空间构成方式，使观众一层层地围住主角，使得主角成为画面中的焦点。如图5-19所示，电影《盗梦空间》海报利用多层空间、不同角度、不同位置的人物，传达出电影多层梦境空间的故事内容，该海报的构成方式就是采用不同空间合并构成在一起，并由近到远来表达空间纵深的关系，给人以不同的视觉体验。

　　纵深是空间的本质，人在环境中随时都具有处于不同纵深的空间感知。空间的纵深感可表现为多种形式：透视线消失于一点的现象，可以用造型的大小、疏密的渐变来表现，如路灯、电线杆等的远近透视；重叠也是空间纵深的一种表现，反映出前后、远近空间形体的位置关系，如山脉的层次感；材质肌理的远近尺度不同对纵深感知也有

一定作用，如园林经常在有限的空间里创造出的丰富意境，正是运用了草、石、砖、瓦等不同材质以及人工与自然的手段而创造出来的。

　　上文说到《盗梦空间》（图5-20），让笔者想到"德罗斯特效应"（Droste Effect）。见图5-21、图5-22和图5-23，这是一种年代久远的视觉艺术，特色便是图像的递回和空间重叠。如同时空漩涡一般，一幅图片无限重复与延续，没有尽头，看久了甚至会让人晕眩，感觉要被吸入其中；你拿着一面镜子，然后再站在一面镜子前面，让两面镜子相对。你看到镜子里面的情景是相同的、无限循环的。

　　德罗斯特效应在影视场景设计中经常运用，在电影拍摄中，为表现出追逐戏的精彩，需要一条很长的曲折变化的小巷，但是实际拍摄中没有这样又曲折又长的街巷来拍摄，这就要求电影概念设计师设计一条较短的无限循环并富有变化的小巷子。其设计理念就是运用德罗斯特效应，演员和摄像机可以在一个较短的循环空间里反复无序追逐和拍摄，摄像机所拍摄到的画面也是连贯而富有变化的长镜头。并且观众在观看这样的镜头时，会被演员的表演和剧情吸引，从而忽略场景部分重复的细节。所以即使演员和摄像机在一个循环的小空间内兜圈子拍摄，观众也是察觉不到的，会认为空间是无限远的。

　　例如图5-24所示，电影《金陵十三钗》中日本士兵找寻狙击手时的场景，始终是在一个不大的场地里拍摄完成的，但在镜头画面中，会让观众感受到很长很远的街道的空间假象。这便是运用德罗斯特效应的结果。在影视拍摄中，这种空间效应的运用是电影概念设计师常用的手法。

图5-18_电影《角斗士》截图，画面近景、中景
采用了包围闭合的空间构成形式
图5-19_电影《盗梦空间》海报
图5-20_电影《盗梦空间》宣传海报
图5-21_德罗斯特效应实例图1
图5-22_德罗斯特效应实例图2
图5-23_德罗斯特效应实例图3
图5-24_电影《金陵十三钗》的场景设计平面图
和立面图，由电影概念设计工会的曲文强设计

■ 图5-18

■ 图5-19

■ 图5-20

■ 图5-21

■ 图5-22

■ 图5-23

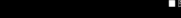

■ 图5-24

5.2 画面中元素的构成形式

下面，我们来讲画面中各元素的构成形式，基本包括以下八种构成方式。

5.2.1 重复构成形式

以一个基本单形为主体，在基本格式内重复排列，排列时可作方向、位置上的变化，最终得到重复的形式美感。图5-25和图5-26都采用了相同单体重复排列的方式，与单一物体相比更具有冲击力，使得画面构成感更强。好比语文中的排比句，视觉元素的重复构成更具有气势。

5.2.2 近似构成形式

寓变化于统一之中是近似构成的特征，在设计中，一般采用基本形体之间的相加或相减来求得近似的基本形。图5-27中相同的造型光影不同，产生出微妙变化，这就是近似构成，非常具有形式美感。图5-28为室内设计图，采用了近似的构成形式，将空间墙壁切割成近似形，

大小形态有一定规律地进行微妙的变化，造型丰富又统一。近似构成是较常用到的构成形式，是对重复构成的延展，将单一重复的元素打破，形成相似元素的组合，使得画面更丰富。

5.2.3 渐变构成形式

把基本形体按大小、方向、虚实、色彩等关系进行渐次变化排列的构成形式。通过基本形有秩序、有规律、循序的无限变动（如迁移、方向、大小、位置等的变动）取得渐变效果。此外，渐变基本形还可以不受自然规律限制从甲渐变成乙，从乙再变为丙，如将河里的游鱼渐变成空中的飞鸟，将三角渐变成圆等。

渐变形式有形状的渐变、疏密的渐变、虚实的渐变、色彩的渐变等。图5-29采用色彩渐变的构成方式，每一个元素的颜色都是运用渐变的方式逐渐变化着，形成丰富多彩的和谐颜色。

图5-25_电影《黑洞表面》画面。元素的重复能增强画面的形式美感。此画面中，点元素的重复构成，形成很强烈阵状形式，增强了视觉冲击力

图5-26_电影《黑洞表面》画面，此画面依然运用了同一元素的重复排列方式，构成了很强的形式感

图5-27_相同的造型，但光影不同，能产生出微妙的变化，这就是近似构成，有很强的形式美感

图5-28_大小形态有一定规律地进行微妙的变化，造型既丰富又统一

图5-29_该图采用渐变构成形式

■ 图5-25

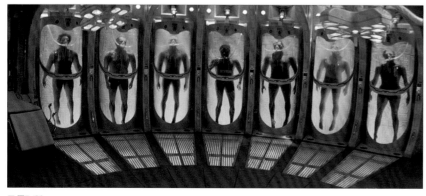

■ 图5-26

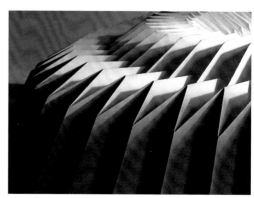

■ 图5-27

■ 图5-28   ■ 图5-29

5.2.4 发射构成形式

　　以一点或多点为中心，向周围发射、扩散，具有较强的动感及节奏感。发射构成形式主要有点式发射构成形式、多点式发射构成形式、旋转式发射构成形式等。图5-30为电影《小夜刀》（Blood:The Last Vampire）的截图，此段戏是电影的高潮，也是笔者印象最为深刻的桥段。小夜遇到最终的强大敌人，自己的母亲，为了展现敌人法力的强大，导演采用发射构成形式，让敌人所穿的和服向四周散射出数条绸带，增强了画面的张力和视觉冲击力，塑造出了强大的敌人，使影片达到高潮。图5-31反映的是旋转式发射构成形式，是最为经典的构成美，既具有无限循环性，又能产生出具有韵律的动态美感。

图5-30_电影《小夜刀》
画面
图5-31_旋转式发射构成
形式，赋予画面动态美

■ 图5-30

■ 图5-31

5.2.5 特异构成形式

特异构成形式是指在一种较为有规律的形态中进行小部分的变异，以突破某种较为规范的单调的构成形式。特异构成的因素有形状、大小、位置、方向及色彩等，局部变化的比例不能过大，否则会影响整体与局部变化的对比效果。图5-32所示的IBM广告插画，采用的是特异构成形式，突出了时代的进步以及IBM的产品文化。该广告插画通过算盘中大部分珠子有序排列着，中间一串却采用绳子系扣这种原始方法来传递出计算机的历史演变概念，表明IBM将再一次引领世界计算机革命浪潮，设计师采用的就是特异构成形式，从而使画面中形成对比，加强了视觉焦点，传达出有效信息，并引发观众思考。

5.2.6 密集构成形式

密集构成是指比较自由的构成形式，须有一定的数量和方向的移动变化，常带有从集中到消失的渐移现象。此外，为了加强密集构成的视觉效果，也可以使基本形之间产生复叠、重叠和透叠等变化，以加强构成中基本形的空间感。图5-33采用密集构成形式，加强了视觉效果，晶莹的水晶体折射的光线格外闪耀。图5-34为电影《波斯王子：时之刃》（Prince of Persia：THe Sands of Time）的截图。画面中为表现波斯帝国的庞大，运用了密集的建筑群落来表现，其构成的形式感进一步加强了帝国庞大的概念。

图5-32_IBM广告插画，设计时采用特异构成形式，突出了时代的进步以及IBM的产品文化
图5-33_元素的密集堆积，形成了很强的形式感
图5-34_电影《波斯王子：时之刃》的画面，运用了密集构成形式

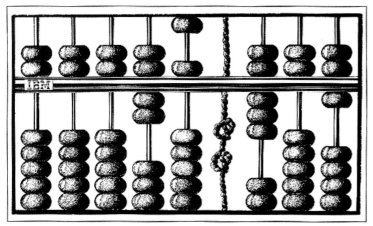

■ 图5-32

■ 图5-33

■ 图5-34

5.2.7 对比构成形式

对比构成是较密集构成更为自由的构成。此种构成仅依靠基本的形状、大小、方向、位置、色彩、肌理、重心、空间、有与无、虚与实等元素的对比，给人以强烈、鲜明的感觉。图5-35是我国著名电影美术大师叶锦添为电影《夜宴》设计的皇宫场景图，该画面运用对比的方式，使皇宫宝座和隔扇的细腻华贵造型与背景墙壁的简洁形成对比，使得观众的视觉焦点集中在皇宫宝座之上。图5-36为现代室内设计，其中圆套方、方套圆的体块前后对比构成了有趣的空间形式。通过不同造型来进行对比，就能够产生出不同的感受，同时也可以表现出空间纵深的关系。

5.2.8 肌理构成形式

凡凭视觉即可分辨的物体表面之纹理，皆称为肌理，以肌理为构成的设计，就是肌理构成。肌理又称质感，物体的材料不同，表面的组织、排列、构造也会各不相同，因而会产生粗糙感、光滑感、软硬感等不同的质感。肌理有视觉肌理和触觉肌理之分。肌理给人以各种感觉，并能加强形象的作用与感染力。视觉肌理是一种用眼睛感觉的肌理，如屏幕显示出的条纹、花纹凹凸等是二维平面肌理。触觉肌理一般通过拼压、模切、雕刻等加工方式得到，是三维立体的肌理，用手能触摸感觉到。人们对肌理的感受一般是以触觉为基础的，但由于人们接触物体的长期体验，以至不必触摸，也会在视觉上感到质地的不同。运用肌理构成时，往往会运用视觉肌理，让观众感受到物体的质感，传达出物体表面的信息内容。

图5-37为电影《黑洞表面》的截图，画面中密密麻麻的电路板由密集复杂的电路肌理构成，增强了画面的视觉冲击力，塑造出庞大的科幻世界，让观众为之惊叹。

图5-35_电影《夜宴》场景图
图5-36_现代室内设计
图5-37_电影《黑洞表面》截图

■ 图5-35

■ 图5-36

■ 图5-37

5.3 培养创意思维

创意是一种能够用各种不同的角度解读人生和世界的智慧。没有创意，就没有设计。创意是延续人类文明的火花，它帮助我们把不可能变为可能，把不相关的因素联系到一起，激发出新的生命火花。

商业插画设计离不开创意，但创意绝不仅仅只是用来进行商业插画设计的，因为创意涵盖了人类的一切积极思维。就商业插画而言，创意是指表现商业插画主题独创性的意念或新颖的构想。如图5-38所示。

5.3.1 想象力的训练

想象力是学习立体构成必须具备的能力之一。从平面的形转为立体的态，没有想象力是无法实现的。作为概念设计师，应该学会大胆地摸索和尝试自己的想法，懂得借鉴，追求属于自己的创意。但是如果在设计时不动脑筋地套模板、套素材，甚至是盲目模仿和抄袭，那简直是在摧残你的创造力，滋养你的惰性，这样永远无法进步，而且以后想进步也非常困难。如图5-39所示，要开拓思维，不走寻常路，发挥"空想"精神，让作品去展现自己的想象世界，让作品去表达自己的个性，让作品去真实记录自己的瞬间想法。

5.3.2 养成观察与思考的习惯

观察能力是一切视觉活动的必备条件，对自然的观察，对优秀设计作品的观察分析，对相关艺术领域作品的观察，都需要我们超越作品的表象理解作品的内在结构，并对对象结构性质有一个完整的认识和整体的把握，达到对形体新的体验和独特感受。

通过对结构的分析，我们的思维就会产生创意性的想象，从而为进一步的构想和设计奠定基础，想象力与创造力就是对自然的内在规律的认识和对于形体结构的创意的理解。

观察分析要做到以下几点。大量欣赏分析并反复温习优秀的作品，经常将对方的作品与自己的作品进行比较。从临摹优秀的设计作品中领悟其剪影设计比例、结构的切割、色彩的构成等设计知识点，并可以默写出来。还需要将优秀的设计作品进行收藏和归类，方便以后随时调用。后面文章会根据实际案例来分析讲解。

要养成分析优秀设计作品的习惯，对其结构性质以及构成方面进行深入研究，并作为借用自行创作训练。有了足够的思维训练以及设计研究，就会有所收益。如果缺乏足够的练习，就算有足够的设计天赋也无法提高设计水平。当然如果练习的时候不思考也会事倍功半，就像学画一样，不光要用笔画，更需要动脑。绘画过程中，需要养成思考的习惯，在绘画中的每个阶段，都需要不停地对画面的内容传达是否准确进行思考，对画面整体的视觉效果进行思考，对光影结构和色彩关系进行思考，只有这样才会有好的画面展现出来。

5.3.3 具有艺术表现力的形式感的培养

通常来说，绘画通过某种外观表现形式传达给人的感受和感染力叫作形式感。形式感可以使作品具有一定表现力，并以某种方式更好地呈现出来。无论是抽象的还是具象的，只要将由形状、色彩、结构的关系所形成的形式特征诉诸于视觉后，能引起显著的心理反应，那它的形式感就比较强。

良好的绘画主题内容和思想以及精湛的绘画技术和艺术表现力，都需要通过具体艺术表现形式传递出来。绘画

图5-38_意大利创意插画欣赏

图5-39_弗拉基米尔·库什（Vladimir kush）超现实创意插画欣赏

■ 图5-38　　　　　　　　　　　■ 图5-39

是通过图形图像来表现思想和内容的。图形是通过几个抽象形态来展现的。所有形体都可以还原成圆球、圆锥和正方体三种基本的抽象形，这三个抽象形体在平面上的投影分别是圆形、三角形和方形。我们可以通过对最纯粹的几何形态各要素间的构成关系的研究，培养自己的图形表现能力和形式感，运用平面构成、色彩构成、立体构成等构成形式，将抽象的图形元素进行组合，展现出绘画主题和内容。

除了抽象几何体之外，还可以从具体物象中概括提取出抽象形态，如仿生设计。将对象的某些成分从原有的形态中解体出来，使其在我们的设计中变得更突出、活跃，形成独具意义的新的视觉刺激，并由原来的具体形象进入了抽象的过程，也可以说是进行艺术加工和夸张处理的过程。抽象的图形元素是构成画面的核心。图形元素的造型和构成方式是具有艺术表现力的。

在这里，要把握好事物的本质元素及元素之间的关系，并使其派生、变化、演绎、归纳出不同的结构状态，从而获得创意。抽象的图形元素是具有艺术表现力的，通过平面构成、立体构成、色彩构成等有规律的组合，使画面具有一定的形式美感和规则。无论是抽象的，还是具象的，由形状、色彩、结构的关系所形成的形式特征对人产生的感受和感染力，都是形式感的艺术表现力。如图5-40所示，通过夸张的造型设计以及几何化抽象的表现形式，传达出了一定的幽默感。形式感不是与生俱来的，需要数字绘画人通过后天的培养、不断的练习和学习总结出来。

具有艺术表现力的形式感需要从几个方面培养，第一，需要快速将复杂结构的形体凝练成简练的几何形体，将琐碎的造型概括成简单的几何形体，抓重点，去粗取精，进行训练。第二，需要抓住造型的特征，任何

物体造型都有其本质的规律和属性，抓住其造型规律特征，并加以突出强化，形成符号，这需要在平日练习中提高抓住形体特征的能力。第三，需要学会用夸张的艺术手法准确地表现出物体的特征和属性。

5.3.4　灵感的获得

灵感是指创造者个人意识中的一种独特的心理状态和思维活动，也是一种极具创造性的能力。灵感的迸发有时似乎是无意识的，但这种无意识却是对创作主题的长期思考、探索、实践后所形成的一种潜意识，谁都不可能意识到灵感会在何时产生，一旦灵光乍现，就要用文字、图形、语音、影像等方式将其快速记录下来。

任何一种灵感都是来自对创作主题的思考和探索，某一意象的表达欲望越强，就越容易出现灵感。所以，创作者要获得灵感，就必须注重和加强自身内功的修炼，厚积才能薄发。此外还可以通过外界刺激的方式来增加灵感的闪现，如可以听音乐闭目思考，可以回忆看过的相关影像资料，可以做白日梦，幻想希望的画面和影像，并努力在这种幻想中将此影像具体化，类似《盗梦空间》一样，梦中的画面每一条街道的每一块方砖都要事先设想好，这样才能使其胸有成竹地落到纸面上。想要绘制如图5-41所示的梦幻般的画面时需要一个人静下心来，慢慢去思考，去收集脑海中的画面，再进行组合，构成自己想要的画面，这一切都是在大脑中完成的，并没有实际绘制和实施。当这一切的构思、一切的细节都在大脑中构思好并绘制完毕后，再落实在画面中。

对于艺术设计的学生来说，则更需要多观察、多思考、多实践、多探讨，为灵感蓄积足够的能量和契机，而不要一味地等待灵感的降临。

图5-40_丹尼斯·齐尔伯（Denis Zilber）的创意插画

图5-41_曼努埃尔·罗德里格斯·桑切斯（Manuel Rodríguez Sánchez）插画中的超现实的神奇世界

■ 图5-40

■ 图5-41

5.4 观察分析优秀的设计作品

要想设计出优秀的设计作品，必须要知道什么样的设计是好的设计，必须要学会独立分析这些优秀的设计作品，并加以临摹和效仿。

5.4.1 分析物体的结构设计

在数字图形应用领域中，CG设计分为二维绘画设计和三维的立体设计两种，在平面构成一节中已经着重讲解了平面二维的设计要素，本节主要讲解的是立体物体的设计。三维立体的设计，需要通过二维图像来传递三维物体的信息，设计的重点是物体的结构。

物体结构分为单个物体结构和多个物体组合结构两种。这里讲解单体的结构设计。单体的设计首先需要分析它的结构是上中下结构还是左中右结构，和中国汉字的结构框架一样，物体的造型也可以按照这样的结构来设计。多体块结构的复杂设计，只是将不同的单体有机组合在一起罢了，方法是一样的。

下面笔者通过分析学生的设计作业来讲解如何分析物体的结构设计。图5-42为学生的设计分析以及再设计作业。这是一个单体建筑的设计，其总体结构为上下结构，上部是圆柱体结构造型，下部是宽大厚重的底座结构。该学生根据原建筑照片这一具体物象来提取基本元素并用剪影的方式概括。图中第一排第二个和第二排第二个，便是原设计图的剪影，将这两个基础剪影模型结合处理，得出自己设计的剪影造型（第三排第二个），绘制出其基本的几何剪影造型，并进一步构成设计出右边多个不同内部结构样式的造型设计来。接着运用"加减法"来进一步设计，可以镂空，可以添加点、线、面和体块，让整个物体结构做到既统一又有变化。统一是要做到整个物体是一个

完整的单体，内部结构有序地组合在一起；变化，则是在统一的基础上对小结构的局部调整。

5.4.2 分析光影设计

大多数初学者会忽视光影设计在画面中的重要性。在画面中，有光即有影。将彩色画面转化成黑白后，画面所展现出来的就是光影，造型也是由光影制造出来的。光影设计初期与平面构成极为相似，但因为光的特性，使得光影设计又与其存有不同。

光影是画面的灵魂，画面中的一切形象、一切信息都需要光影来呈现。可以在概念设计前期设计好画面中的黑白草图，运用点线面的平面构成规律来设计出符合视觉审美、符合光影自然规律、黑白灰分布合理、色调层次丰富的画面来。如何进行光影设计，首先需要明确画面所表达的内容主题，配合主题传递的内容来设计光影，通过光影的强弱、光影的照射角度和方向以及投影的剪影造型都能制造出独特的光影气氛。

如图5-43和图5-44，为国际人物摄影大师的作品，其光影的布局和安排，都围绕故事情节和人物心理来设计的。画面中的黑和白的面积大小、造型以及分布都是经过合理的设计的。黑白的构成，正负形的造型的暗示，以及影子来塑造形体的手法，运用影子来述说故事，光的方向和人物性格等都做到极致。图5-45，将影子的造型带入到画面故事中，让影子成为画面叙事的重要线索，女主角和影子之间的对比，让画面外的杀手更为神秘恐怖，画面在光影设计中，事先设计好用影子叙事的方式，并采用低角度打光。图5-46，画面中周围一片黑暗，只有微弱的光源照在男女主角惊恐的面部上，让故事叙述得更为神

图5-42_学生做的建筑结构设计作业
图5-43_国际人像摄影大师的作品

■ 图5-42

■ 图5-43

秘引人入胜，采用点光源，如蜡烛、打火机等方式打光。图5-47，为表现沉思中的人物性格特点，光影的设计至关重要，将光源照亮女主角睿智的眼神，其他头发装饰、嘴、下巴、衣服和背景完全处于暗部或者灰调子中，将眉宇之间的英气表现得淋漓尽致。图5-48，通过百叶窗的条纹斑驳的影子，表现出此刻女主角内心的情绪，观众在看到这样的画面会有一种恐慌、焦躁不安的心情。光影在这里运用了线的构成原理，密集的分布在人物身上，产生出躁动不安的造型。图5-49，该图为表现出女主角身材窈窕迷人，袖长性感的美腿，采用了低角度逆光的打光方式，将腿的剪影造型清晰明确地展现在眼前。

图5-49和图5-52为学生绘制的光影设计作业，这两幅画的光影非常有趣，运用特殊的光影会使画面更有吸引力，独特的光影设计为画面的人物衬托出极具戏剧性的故事情节。

■ 图5-44

■ 图5-45

■ 图5-46

■ 图5-48

■ 图5-47

图5-44 国际人像摄影大师作品之一
图5-45 国际人像摄影大师作品之二
图5-46 国际人像摄影大师作品之三
图5-47 国际人像摄影大师作品之四
图5-48 国际人像摄影大师作品之五
图5-49 学生光影设计作业之一
图5-50 学生光影设计作业之二

■ 图5-49

■ 图5-50

5.4.3 学会分析设计

下面笔者为大家列举具体案例来分析优秀的概念设计作品。图5-51为电影《普罗米修斯》（Prometheus）的概念设计作品，图5-52至图5-54是其他优秀设计作品。笔者要求学生学着从艺术表现形式、平面构成、立体构成等方面对上述画面进行形式构成分析，并具体到单个主体物体的设计、剪影造型的比例、轮廓凹凸、节奏、变化等方面。

对画面进行完整的设计分析时，需要注意以下几点。

- 这张画的主要物体是什么？在构图中处于什么位置？
- 整个构图是怎样的形状？近景、中景、远景各是什么？
- 主体是在中景中吗？这个主体是通过什么构成方式衬托出来的？
- 主体的剪影设计是什么？
- 绘制出这个画的黑白灰剪影（不是临摹而是用黑白灰概括提取出几何剪影）。

■ 图5-51

■ 图5-52

■ 图5-53

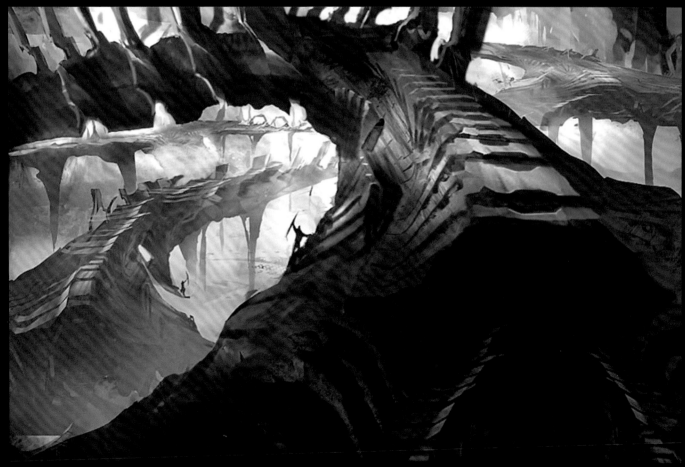

■ 图5-54

图5-55和图5-56为国外的电影概念设计作品，是较复杂的单体设计，这些图的画面构成形式多样，画面元素构造概括丰富，并且是按照一定的平面构成方式来设计的。读者可以从九宫格、黄金分割、图形运动趋势以及视觉中心和视觉引导等方面进行分析，并学会区分近景、中景、远景以及主体物体的剪影设计原理。

对一个设计作品分析透彻了才可能做出好的设计作品。设计和绘画技法的学习方法不同，设计没有套路，绘画却须遵循一定规律，这一点需要读者自己领悟、积累以及尝试。

很多学生的原创设计不是很出彩，多是因为设计作品演变后没有利用好原图资料的比例，完全自己发挥，很容易设计得不舒服。如果觉得自己设计感不好，笔者给你的建议就是学习优秀设计图的比例和切割构成，模仿其外轮廓剪影进行再设计。大体造型不用变动得太大，也不需要

大幅度地添加堆砌元素，要学会运用加减法，保持各个元素基本维持相对平衡，只需要略微调整局部结构的比例和位置即可。

在对单个物体的结构进行分析时，需要注意以下几个方面。

- 确定物体的结构，是上下、左右、上中下还是左中右的结构？
- 是由怎么样的几何形体组成的？是球体、圆柱体还是其他几何体？
- 侧视图、正视图的长宽比例是怎样的？各个组件的比例又是多少？
- 点、线、面的组合是怎样的？哪些元素可以概括成点、线、面？
- 绘制出物体的正视图和侧视图剪影。

■ 图5-55

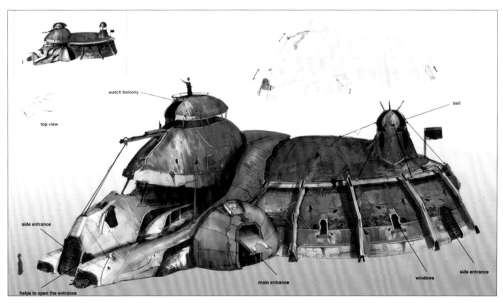

■ 图5-56

5.4.4 设计分析案例解析

笔者认为要学习一个优秀的设计作品，必须要彻彻底底地分析该作品，完全明白其设计方法和原理，才有可能自己设计出好的作品，如果只看优秀作品的表面画技，那只能停留在初级绘画技法的层面上，而没有真正吸取到优秀作品的精华。下面请了解一下几个设计分析案例，这些作业都是按照前面讲述的要求来分析的。

图5-57其逻辑思维清晰，准确地分析并标明远景、中景、近景的位置关系，并运用方向箭头表现造型线条的视觉引导方向；同时提取出了主体物的剪影造型，并对各部分结构关系和比例安排进行了分析。

图5-58，运用九宫格、黄金分割原理对单个物体兵器进行分析研究。从图中的比例归纳可以看出该学生分析得比较深入。除了对外轮廓的横向、纵向的比例分析之外，还具体分析了内部结构的图案设计，对其图案设计的动势和方向进行研究，写出了详细的分析文字报告。对外轮廓的横向、纵向比例分析是按照黄金分割比例来研究的，各部位的比例基本是1:2，如图，剑柄和剑身的长度比例是1:2，在横向上，左右犄角和骷髅的比例均为1:1。该学生对图案设计的点、线、面的运用以及视觉引导都进行了详细的分析和总结。

5.4.5 分析方法示范

通过上述对优秀设计作品的分析，讲述了设计方法和设计思维训练。图5-59和图5-60是笔者课堂演示的设计草图。其中涉及的设计题材很广泛，包括科幻机械、魔幻法师、外星生物、恐怖怪兽等各种角色的剪影造型设计。剪影造型是设计的基础，是设计的开始阶段，也是重要的创意阶段。在设计这些剪影时，更多的是考虑其正负形的关系。好的设计要求通过剪影造型就可大致了解所设计物体的特征和性格等。剪影的凹凸轮廓尤其需要重视，凹凸的节奏要有紧有松，注意节奏的变化，不可使轮廓的凹凸过于频繁和雷同。

图5-61和图5-62同样是笔者的课堂演示，展示了从剪影造型的提炼与变形，以及剪影造型外轮廓的节奏变化，到进一步细化飞船的内部结构细节。在设计飞船剪影时，要把注意力都集中在外轮廓上，读者要注意观察，每一个飞船的剪影造型是不同的，但都有一定的规律，飞船上半部分外轮廓相对概括，节奏变化舒缓，下半部分变化节奏相对紧张激烈，凹凸起伏变化较大。

在设计飞船内部时，笔者参考了一些优秀的飞船内部结构设计资料，并将资料进行拆分和重组来丰富飞船结构设计。可见，概念设计是有规律可循的，主要是外轮廓剪影设计和内部结构设计这两大方面。这两个方面的设计是收集资料、分析资料、学习资料以及利用资料为我所用的过程。设计不是天生就具有的能力，而是需要后天观察、研究和学习模仿。不少学生摒弃临摹或模仿的设计方法，而是自己闭门造车，这样割断信息来往，不吸收新的设计理念，把自己禁锢在狭小的世界中，是不会设计出精彩的作品的。我们要多观察生活中细小的设计，多吸收网络中新潮的设计理念。如今信息如此发达，想要接触到国际顶级设计，也是很容易的事情，关键在于怎么学习和运用这些资料来丰富自己的设计。

图5-57_学生作业，对优秀的概念设计作品进行了近景、中景、远景以及运动方向和剪影比例的分析

图5-58_学生分析作业，原设计图是游戏《战锤》的原画设计

■图5-57

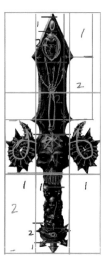

■图5-58

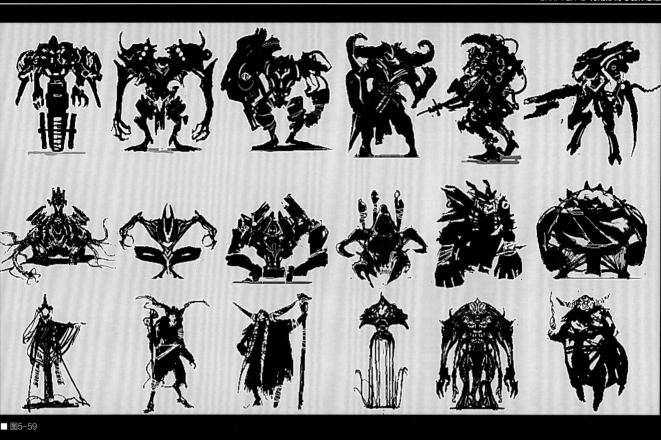

■ 图5-59

■ 图5-60

■ 图5-61

■ 图5-62

DIGITAL PAINTING DESIGN

技法篇

CHAPTER 6
绘画技法

本章概述

本章深入讲解笔刷运用、贴图技法、图层调整等作画技巧和绘画思路。由整体概括到细节深入，由光影气氛绘制到局部结构刻画，都需要先确定大构图大光影再深入局部细节。

本章重点

讲解绘画步骤和技法，读者要养成先整体再局部，先明确大方向再深入作画的习惯。先把绘画的主题内容用黑白草稿的方式明确绘制出来，再进行深入的细节绘制。

6.1 作画时心态的调整

在作画前需要调整作画心态也就是作画中的精神状态。它形成于作画之先，体现于作画之中，见迹于作品之上。绘画创作是一种精神上的活动，画者需要激活为创作本身所能萌发的精神因素，达到相应的作画心态。而作画的心态，则来源于人的精神本体，那种创作精神的萌芽，受到生活中某种情境的感染，产生了一种由外在触发，由内在融化的情愫，从作品的酝酿、构思阶段开始升腾，直至作品完成。笔者在绘画教学中，常遇到学生在作画前期信心满满，但在作画过程中出现问题，或者个人能力不够，驾驭不了整幅画，抑或者没有时间精力继续绘制下去，越画越糟糕等情况。这些情况该怎样避免呢？

首先要对自己的作画周期要有一个设定。这幅画设定多长时间内完成，完成到一个什么程度。需要每天用多长时间。并且绘画者要确定对这一题材非常感兴趣，才能充分调动自己的积极性。可以提前设想一下这幅画完成后的画面效果以及自己获得肯定的成就感。

其次需要树立作画目标。将大师的作品放在旁边，可以有效激励自己，调动自己的作画欲望和积极性。有了作画目标就有了作画动力，也树立了积极向上的精神面貌，在绘画中遇到困难时也能积极面对不至于逃避。

再次是需要劳逸结合。当作画中遇到审美疲劳、精神状况不好等情况时需要停笔休息，适当的休息放松身心，可以更有效地绘画。当绘画中遇到难点时，我们也可以考虑停笔，画别的地方，当有了充足把握后再继续绘制较难的地方。

在绘画题材上，不要受别人作品的干扰，别人画得好的题材未必适合自己，抓住每一个偶然触动内心的灵感，

才能够画出自己满意的作品。笔者一直这样认为，绘画者需要由内而外的、从个人的生活阅历和思维等方面出发进行创作，作品需要融合个人的情绪。所以，画画一定要有感而发，只有画先打动自己，才有可能打动别人。"一画一世界"，你是一幅画的创作者，也是画面中世界的创造者，在你向观众展示你绘制的世界之前，首先需要自己走进这个世界中去感受，去不断审视自己的作品，包括画面中的每一棵树，每一位人物甚至每一缕光线，这个"世界"中哪里不舒服，哪里需要修改调整，都需要经过自己的反复检验，确定所画的这个"世界"没有问题才能向观众展示。经过观众的检验和自己的反复修改后，一张画作才算完成。好的画作一定是改出来的。

初学者刚开始画画往往很小心，生怕画错，过于拘谨，反而使整个画面死气沉沉，没有生机。有时，抱着随便画画的态度，反而能创作出一些意想不到的效果。笔者认为，这是一种心态的表现，同时，也有一些偶然因素在里面，充分利用这些偶然因素，包括偶然形成的线条、形状、肌理等等反而能找到一些与众不同的感觉。

绘画，不是把我们圈入某种特定概念里面，也不是迷信某种说法，而是能够让自己更加自由地表达个人的思想和感觉，相信自己观察到的东西，相信自己感受到的东西，相信自己所要表达的东西，只有自己亲身经历实践所获得的知识，才是自己真正拥有的。

合理地吸取别人的意见并结合自己的特殊情况，一定能够绘制出很棒的作品。向大自然学习，大自然是最好的老师。古人云："师于自然"，让我们怀着对自然的一份敬意，从这里开始，一起学习，一起体验，一起进步！

6.2 精简实用的经典绘画步骤和技法

| 图6-1_速图示范的完成稿

下面具体介绍CG数字绘画在商业实战中会具体运用到的步骤和技法。记住：作画是需要动脑子的，特别是CG绘画，需要"不择手段"，快速表现出你想要的画面效果。从这一章节往后，都是商业范畴的数字绘画，精简实用的绘画步骤和技法为的是高效地完成创意图，而不是进行艺术创作。

这些绘画步骤和技法是笔者在长年的绘画工作、教学实践中积累总结的宝贵经验，适合大多数初学者来快速掌握和提升，也适合中级学者的总结归纳和巩固提升。对于已经是CG高手的朋友，笔者分享的绘画经验也许会在某些时候帮到你。

6.2.1 精简实用的整体作画步骤

下面演示的这幅画是笔者为学生做的示范作品，是"整体与局部"的 CG 经典步骤的作画范例，具体讲解了如何使用 Photoshop 软件进行数字插画设计。一边讲解绘画技法一边进行绘画创作，时间大约一个半小时。这幅范例中涵盖了 CG 绘画技法和步骤的精华。

绘画步骤遵循：外剪影、内光影、内结构、大效果调整的作画思路。

《特种部队》人物造型设计图（图6-1），主要运用快速有效的绘画方法，直观表达出特种兵的人物造型和精神面貌。此种速涂方法常用于短时间内表现脑海中的形象画面，在提交设计草图或设计方案时经常用到。速涂是一种能在短时间内抓住对象主要特征并有效传达信息的绘画能力，也就是快速高效的概括能力。此种能力需要经过多次绘画训练才能培养出来。快速高效的概括能力需要眼、手、脑的高度配合、画面全局观念和处理画面主次、虚实等能力。速涂的过程中最忌讳被动抄袭或过分追求细节，否则会导致画面整体效果的缺失。

■ 图6-1

《特种部队》的整个CG作画步骤都是与传统绘画不同的。在起稿、找形、塑造、深入和调整的过程中都利用了CG数字绘画的各种技巧。这套步骤图中概括了绘制任何CG绘画都会用到的作画思路。希望大家可以按照步骤图来临摹绘画一遍，并了解每一步骤的具体做法和意义以及在整个画面的作用。这是一张黑白速涂图，黑白速涂图在绘制时要注意造型、比例的准确。光影结构的到位，动势的舒服流程等。去除色彩可以更好地训练素描基础，锻炼出造型的概括能力。

下面这张《特种部队》是一幅速涂作品，先外轮廓后内在结构，先剪影造型后光影素描，先整体概括后细节刻画再整体处理，是CG绘画的经典绘画步骤。

步骤一，首先进行背景填充，作为背景要尽可能精炼概括一点，用"渐变工具"画出画面黑白灰的基调。运用软笔刷（喷枪笔）来绘制暗色与亮色的过渡。铺一层底图，方便在底图上绘制出人物，使得画面前后关系、人物和背景能够互相影响和衬托，如图6-2所示。

在背景图层上，新建一图层，绘制出主体的草稿轮廓，需要了解人物的动作姿势和大体比例关系。上下左右横向纵向的多次衡量比较后，确定每一个转折点的位置关系并将其连接。根据"宁方勿圆"的原则，先用直线连接，绘制出大致的几何形轮廓，然后进一步确定更多细节处的转点，将直线的轮廓绘制成曲线。然后填充灰色调子，在整个绘画过程中将此剪影造型随时作为一个选区来使用。

如图6-3，先定点，确定好画面中上下左右的位置点，然后运用直线工具依次连接。选用硬边笔刷，深色起稿。如图6-4，大胆连接各个定点，绘制出精简概括的几何造型，逐步地将造型轮廓清晰地绘制出来。

如图6-5所示，用硬边笔刷依次连接好各个定点位置后，运用线的方式基本勾勒出人物动态的外轮廓，此时注意人物的动势和比例，运用"正负形"的方式来找形。要时刻注意外轮廓的凹凸节奏变化，同时结合内在结构，多做比较。如上臂和小臂的结构比例关系，大腿和小腿的长短比例等，内部结构需要和外轮廓的正负形进行同时比较。这一步骤是给线稿轮廓填充色调。

如图6-6所示，画面中人物设定为深色调、背景是灰色调、地面是亮调子。这样的色调安排会使人物从空间背景中凸显出来。深色人物与灰色背景的对比，使人物轮廓清晰可见。在绘画的时候可以放松大胆地填充暗调子，注意人物和背景图层是分开的。

如图6-7，设定好画面的调子后，需要选择"画笔工具"进行刻画。按住"Alt键"，画笔就变成"吸管工具"，然后就可以通过吸取画面颜色来进行细节刻画了。

STEP 1

■ 图6-2　　　　■ 图6-3　　　　■ 图6-4

■ 图6-5　　　　■ 图6-6　　　　■ 图6-7

步骤二如图 6-8，利用颜色色板 HSB 滑块来调颜色，可以在右边的数值框中填写数值进行微调。接下来新建图层，在图层右边空白地方单击鼠标右键，如图 6-9，选择"创建剪贴蒙版"。

如图6-10，接下来运用软笔刷，刻画出受光面。注意光影的位置以及阴影的形成。此画是顶光，在色调方面，要选择亮一点的调子，可以使画面明暗关系对比强烈一些，明暗交界线的明暗对比更加鲜明，人物也会更立体。笔刷可以调小一点，用笔力度要轻，营造出柔和的光影效果，此时人物结构还不是很确定，可以处理得柔和一点。接下来需要慢慢找形找结构，使画面人物体积结构一点点清晰明确。切记不要一下子就把结构的细节确定死，以免到后面收尾阶段不好修改。

如图6-11，在剪贴蒙版上刻画人物光影细节，刻画出人物的头部、肩膀、胳膊、手以及手枪。这些部位受顶光源照射，有明显的明暗对比，人物与背景图层分开，分别用剪贴蒙版来绘制细节。如图6-12所示，这一步骤是整体作画，在较短时间内，完整展现画面人物动作、大的光影以及结构关系，从整体出发，采用循序渐进的方法，逐步刻画。可把画面缩小来观察大的光影效果、大的明暗关系、大的轮廓造型和大的转折变化。避免从局部入手，过于注重繁琐细节而忽视整体。

图6-8_HSB颜色
图6-9_创建剪贴蒙版，在蒙版上深入绘制
图6-10_用喷枪画笔绘制光影
图6-11_绘制出顶光源下的整体光影效果
图6-12_大光影绘制完成

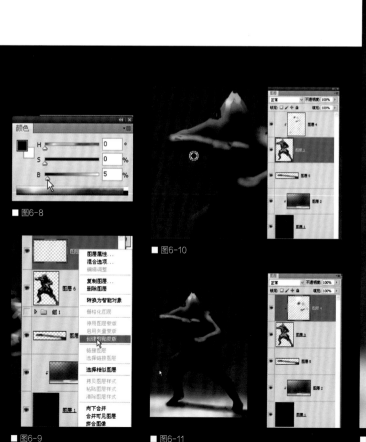
■ 图6-8
■ 图6-9
■ 图6-10
■ 图6-11

■ 图6-12

步骤三。运用如图6-13这样的笔刷来进一步刻画细节，将画面缩小来观察，用吸管吸取画面设定好的色调，并在颜色板里微调，刻画出衣服褶皱等细节。

图6-14为胳膊转折处的结构变化，需要画出肩膀结构、帽子的球体结构的明暗关系。要记住：现在绘制的每一笔的调子都必须按照结构走，才能表现出物体的各个面和结构来。就如同抚摸人体表面一样，用画笔的笔触以黑白灰的调子来抚摸人物的表面，用色调形成面来塑造形体，使形体更具立体感。

如图6-15，绘制的时候一定要从整体出发，全面地塑造人物。如同做雕塑一样，时刻要用三维空间的思维方法来思考你所画的每一个面，用黑白灰不同调子的层次去丰富人物形体的各个转折面。如图6-16所示，进一步深入受光面（头部顶面、肩部、胳膊受光面等）的调子，并将调子提亮，可以用画笔进一步提亮帽子的褶皱、肩部的结构、袖子的褶皱等受光部分。切记不可完全覆盖之前绘制的部分，需要留有一些之前画过的笔触，这样才能保持画面调子的丰富性。如图6-17所示，如果起稿造型出现问题，也不要涂掉重新画，而是要以已经画好的相对准确的部分为依据去测量、比较和修改，执行“滤镜>液化”命令来修改造型，然后绘制受光部分，顶光源照射下，人物的头顶、肩部和胳膊都受到光源照射，要绘制出高光点，让形体更加立体起来。

图6-18，此步是用小笔提亮肩膀、手臂、手腕等地方的高光。同时加强了暗部，如帽子里、腋下、胸口的暗部等地方的颜色深度。提亮和压暗同时进行，使得画面调子丰富的同时也增添了细节，并且保持了草稿阶段设定的黑白灰色阶。

如图6-19所示，为受顶光源照射的亮面绘制高光，同时在很多暗部地方又添加了一些更暗的暗调。有时候添加一些高光，会让你的画面显得更精细，反之亦然。重复这些步骤，可以增加细节。

局部细化到一定程度后，需要缩小画面窗口，观察整体的效果，观察时候需要注意以下几点：第一，人物比例造型是否准确，动势是否自然。第二，背景是否能很好地衬托出主体人物，人物轮廓是否有虚实变化。第三，光影关系是否正确，光线方向和影子位置是否协调。第四，黑白灰调子的设置是否合适，画面中最亮的地方与最暗的地方在哪里，其他调子是否是丰富的灰调子。第五，深入刻画的细节与整体画面的效果是否搭配，细节刻画是否局限缺少整体的比较，部分细节是否喧宾夺主影响了主要部分的表现。

如图6-20所示，刻画完上半身的部分结构细节后，开始继续画腿部。注意刻画时要先了解腿部的结构，将其概括成圆柱体结构，根据圆柱体结构的明暗交界线的位置，画出腿的大体结构和明暗关系。大腿部位的口袋也是根据圆柱体的转折结构来绘制的，注意圆柱的透视变化。注意受光方向，如顶部受到主光源照射时，大腿肚受到地面反光影响。

图6-13_使用的常用笔刷
图6-14_运用画笔来绘制细节
图6-15_进一步绘制细节
图6-16_运用吸管吸取画面的色调，并缩小画面来绘制局部
图6-17_进行造型的整体调整，绘制画面的高光部分，受顶光源影响，人物受光部分在头顶部、肩部和手臂的上方部分
图6-18_运用小画面笔绘制衣服褶皱
图6-19_这一阶段的整体效果
图6-20_整体光影大关系

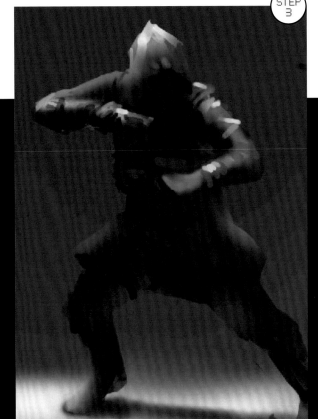

STEP 3

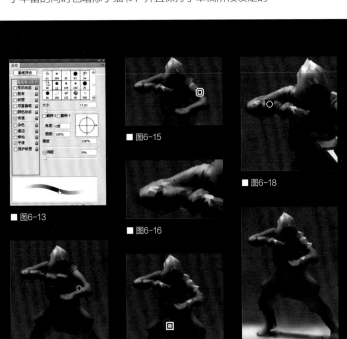

■ 图6-13

■ 图6-14

■ 图6-15

■ 图6-16

■ 图6-17

■ 图6-18

■ 图6-19

■ 图6-20

步骤四。如图6-21，膝盖部位有护膝，刻画的时候要把它当作半球体来绘制，尽可能用吸管来吸取颜色，并保持护膝与整体腿部乃至全身的明暗关系，不可将局部的调子画得太亮或者太暗。如果不确定护膝的明暗可以缩小画面，观察整体色调找到与它最为接近的调子，然后用吸管吸取。

开始绘制人物手中的兵器，这是一把短刀，在画面中的调子较亮。为了表现金属的硬度和质感，笔者用多边形套索工具来勾勒刀的造型，然后选择亮调子来填充选区。

如图6-22所示，按"Cltr+T"组合键选择变形工具来缩放调整刀的造型和位置。要多次重复缩小画面观察刀与画面整体的大小明暗关系。如图6-23所示，"自由变换工具"是非常方便修改造型的工具之一，旋转图形、自由缩放，是灵活调整造型的非常好的方法。

如图6-24，缩小画面看一下整体的光影关系，最亮的地方是人物手中的刀，最暗的地方是人物帽子里、腋下、腰带、鞋与地面接触的地方等。画面中亮部（胳膊、帽子、手腕等地方）的细节给画面带来轻松明快的亮点。腿部受到地面反光的影响，给画面带来了丰富的灰调子的同时增添了细节。

图6-21_由上往下，绘制腿部细节

图6-22_运用"套索工具"来框选

图6-23_用"变换工具"来调整

图6-24_观察整体效果

STEP 4

■ 图6-21

■ 图6-22

■ 图6-23

■ 图6-24

步骤五，用"多边形套索工具"+"填充"的方法，继续刻画手枪。如图6-25和图6-26所示，用"套索工具"勾勒出手枪的造型，填充基本的亮色调后，需要用画笔进一步细化过渡调子，加强枪头的明暗对比，使得光影有一些变化，手枪更真实，轮廓更硬朗。

如图6-27所示，看一下整体的画面效果，现阶段是整个作画的收尾阶段。收尾阶段工作包括细节的深入、画面的效果加强、明暗的对比加强、质感的表现、光影气氛的深入等等。这一步需要耐下心来刻画，同时需要整体地多比较多分析，多想少画，画的时候要慎重，不要把底子完全覆盖，否则没有层次感，调子也不够丰富，此阶段最需要的就是谨慎地、有比较地刻画每一个细节。

图6-25_继续用套索工具绘制手枪

图6-26_填充较亮的色调

图6-27_缩放画面观察一下整体大效果

STEP 5

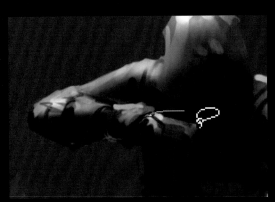

■ 图6-25

■ 图6-26

■ 图6-27

步骤六。接下来绘制特种兵带的防毒面具。如图6-28所示，运用圆头笔刷，轻轻点击一下画面，便会画出两个标准的圆形。如图6-29所示，然后运用"自由变形工具"将这两个圆形调整成与人物相符合的透视角度。调整好防毒面具镜片的位置如图6-30所示，调整光影和透视，对镜片进行光影明暗变化的处理，使其调子丰富自然一些。

如图6-31所示，新建图层，运用较小的画笔绘制出较暗的部分。细节刻画需要一笔笔用明暗调子去塑造。先了解面具具体的结构造型，并根据基本的形体结构来绘制明暗关系，继续深入刻画面的细节。下面是腿部的细节深入分析。

如图6-32所示，下面开始刻画腿部，处理最暗的部分。真正的暗部一般出现在面与面交汇并且相互遮挡的地方。那些处于阴影中的部分也可以处理得较暗。如图6-33所示。运用吸管吸取画面中的色调，并用HSB颜色微调，使得刻画的调子与画面色调符合，不会过于突出。左右腿同时进行刻画，切记要整体作画，左右腿相互比较，不可过分偏向一方。

图6-28_绘制圆形，并用"自由变形工具"来缩放
图6-29_注意透视的变化，做一些变形
图6-30_面具上的防护镜
图6-31_用画笔来绘制柔和的过渡调子
图6-32_用小笔来绘制腿部细节

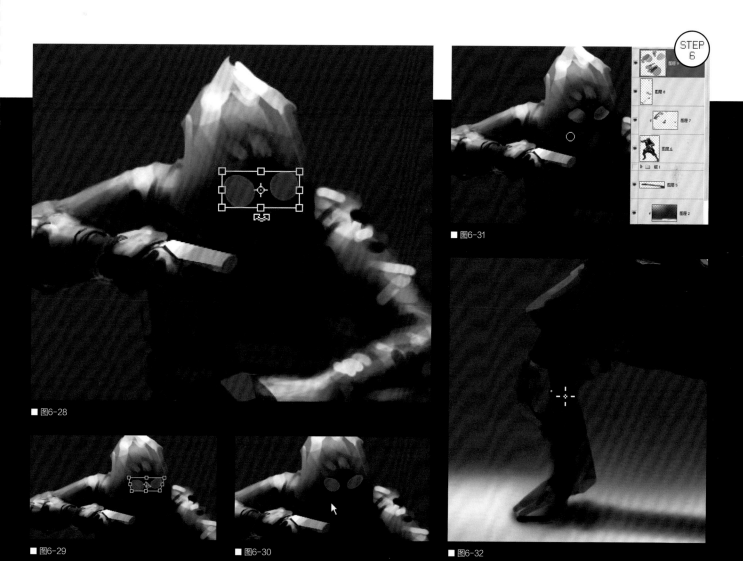

STEP 6

■ 图6-28

■ 图6-29

■ 图6-30

■ 图6-31

■ 图6-32

步骤七。如图6-34所示，运用亮调子和暗调子去塑造护膝的体积感，运用湿边画笔绘制出受顶光影响的腿部的亮面。腿部基本画完后，再继续刻画上身。胳膊的细节是重点刻画的地方。

特种部队的人物设定亮点在于人物手中闪闪发光的致命武器，因此需要着重描绘一下手枪的细节。如图6-35所示，运用点、线的方式来深入刻画手枪枪口的细节，并用线条处理手套、手腕、胳膊处的细节，加强暗部的细节以及高光的刻画。如图6-36所示，运笔方向随着形体转折的走向改变。如图6-37所示，看一下现在胳膊和兵器的效果。

图6-38是人物头部和肩部的细节刻画。图6-39是腿部和地面阴影的刻画。到这一步就可以把主要精力放在确定高光点的位置了，然后一步步地深入。也可以在这一步为地板增加一些细节。图6-40是人物的整体效果。

如图6-41所示，速涂的效果是在最短的时间内抓住物体最本质的形态、特征和比例关系。

在画的过程中可以把不同的步骤放在各自的图层中处理。在开始的时候不要怕画得慢，要耐心地多思考流程，因为起稿在后面深入刻画中起着至关重要的作用。开始时规划得越好，在后面的步骤就越少出现问题。如果能坚持注意这些，就能养成快而有效的绘制习惯。

这幅图的绘制过程演示了应该如何把握形体本质和大关系。笔者习惯用灰调子做背景，通过不断提亮和加深来塑造立体形态，这样做的好处是可以利用中间色调，并在此基础上快速绘制，避免在一块白布上犹豫不决。希望大家在进行这个素描练习的时候，不要表面化地学习笔者用的是什么笔刷，而是多关注一下笔触所绘制的形状和位置，以及流畅统一的绘画步骤。

■ 图6-33

■ 图6-34

■ 图6-35

■ 图6-36

■ 图6-37

■ 图6-38

■ 图6-39

■ 图6-40

STEP 7

■ 图6-41

6.2.2 线稿上色法

CG数字绘画最传统的方法便是线稿上色方法，下面这幅写生作品，根据摆好的景物来写生描摹。与临摹照片或者是电影截图不同，写生过程需要作者自己去提炼精华，学会概括琐碎的细节，并进行艺术加工处理。

图6-42为画者在家中摆放的花瓶景物。图6-43为经过写生绘制并进行了艺术处理的画作。

传统绘画步骤在作画过程中是最考验画功的。没有多少绘画的技巧，靠的是平日的绘画基础。笔者认为这套传统的线稿上色方法，平日可以多多运用加强基础。绘画方法没有绝对的好与坏，合适的方法要运用在合适的工作中。

图6-42_实物照片，然后根据实物来写生

图6-43_绘制的CG绘画作品

■ 图6-42

■ 图6-43

步骤一。如图6-44所示，像传统绘画一样，在白画布上，用深色小画笔勾画出花瓶的线稿，包括大体的轮廓和花瓣的内部结构细节，注意线稿最好单独为一个图层，这样方便后续的上色和深入刻画。

步骤二。如图6-45所示，给背景填充灰色调子，用Photoshop软件默认的画笔绘制出花的大致颜色，此步骤可以用颜色覆盖线稿。

步骤三。如图6-46所示，用Photoshop软件常用笔刷绘制出花瓣的细节明暗关系，以及叶子的明暗。此步骤

可以先绘制叶子再绘制花瓣，有效利用图层的前后顺序，叶子图层放在花瓣图层的下面。绘制叶子时可以先绘制暗部再一步步提亮。绘制花瓣时则要由内向外绘制出其深浅变化的调子，同时控制好花瓣的大小。在绘制花时，要抓住重点精细刻画。

步骤四。如图6-47所示，绘制出花瓶的细节和花纹，注意花瓶的陶瓷质感和周围环境色对其的影响以及背景的冷暖色的变化。整体受光面偏暖，背光偏冷。地面受光偏暖黄，影子偏冷紫。

STEP 1

■ 图6-44

STEP 2

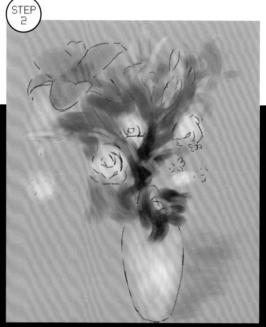

■ 图6-45

STEP 3

■ 图6-46

STEP 4

■ 图6-47

步骤五。如图6-48所示，用"色彩平衡工具"将画面色调统一成暖黄色，一种温馨气息迎面扑来。

步骤六。如图6-49所示，用"加深减淡工具"绘制出花瓶的明暗关系，并勾勒出花瓶的纹理花纹。

步骤七。如图6-50所示，选择近景的花朵进行局部选取并锐化，让整个画面细节更为突出。至此整个画面已经基本完成。

图6-48_整体调整颜色，统一色调
图6-49_进一步突出体积感，塑造形体
图6-50_最终完成效果，作画完毕

STEP 5

■ 图6-48

STEP 6

■ 图6-49

STEP 7

■ 图6-50

6.2.3 剪影造型法

剪影造型法是笔者在工作中常用的绘画方法，其特点是能快速高效地完成商业设计项目，绘制方法也极精简。其绘画本质是利用Photoshop软件中的图层优势，运用快速剪切蒙版或是选区来填充细节，将每个物体单独为一个图层，在开始时绘制出物体的外轮廓剪影，并选为选区，进行内部绘制。用到的工具有"套索工具""渐变工具""快速剪切蒙版"以及"肌理笔刷"等。

下面笔者演示数字绘画作品《海鸟》的基础作画步骤。作品是利用Photoshop软件中常用到的数字绘画工具和技巧来绘制的，绘画步骤简单明了，极易上手。图6-51是一张《海鸟》CG数字绘画作品。利用精简直接有效的绘画方法和步骤完成的，大家可以跟着一起尝试绘制，只有跟着画一遍，才会牢记整个Photoshop软件绘画的常用思路和技巧。利用"套索工具"勾勒出山脉和海水的基本选区，并填充颜色，选色的时候用颜色板块的HSB滑块来选择，山脉、天空、海水的颜色的色相、明度和纯度，要尽可能一次性找准。如图6-52所示，为HSB颜色滑块，是在Photoshop中执行"窗口>颜色"命令调出。如图6-53所示，单击该下拉按钮选择"HSB滑块"即可。H为色相，S为色彩饱和度，B为明度。

图6-51_海鸟插画完成图
图6-52_HSB滑块
图6-53_下拉按钮

■ 图6-51

■ 图6-52　　　　■ 图6-53

步骤一。如图6-54所示，在用"矩形选框工具"勾勒出造型后，填充舒服和谐的颜色，表现宁静的海水和远方的山脉。

如图6-55所示，新建图层，然后运用Photoshop软件中的肌理笔刷在海面上绘制出有纹理的肌理效果，并降低该图层的不透明度，使得纹理若隐若现。作画时可以根据海水的画面效果水平运笔。远山是在山的图层上绘制的，运用冷暖色表现出山的体积感和空间感。远处山脉色调和明暗与天空接近，如图，朦胧处理它的轮廓，将色彩

饱和度调低一点，使画面呈现一种灰冷色调。利用冷暖色来绘制稍近处山脉的立体效果，运笔方向随着山体走势变化。

如图6-56所示，用肌理笔刷绘制出水面纹理，让单一的水面调子变得丰富。海水由近及远也是有明暗和色彩的变化的。可以用"加深减淡工具"处理深浅明暗变化。如图6-57所示为水面的前后深浅变化、颜色的饱和度的变化。

图6-54_开始直接运用套索工具上色
图6-55_运用肌理笔刷来绘制
图6-56_运用肌理笔刷来绘制水面，并运用"加深减淡工具"调整远景明暗
图6-57_运用肌理笔刷来绘制水面

STEP 1

■ 图6-56

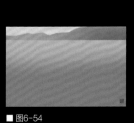

■ 图6-54

■ 图6-55

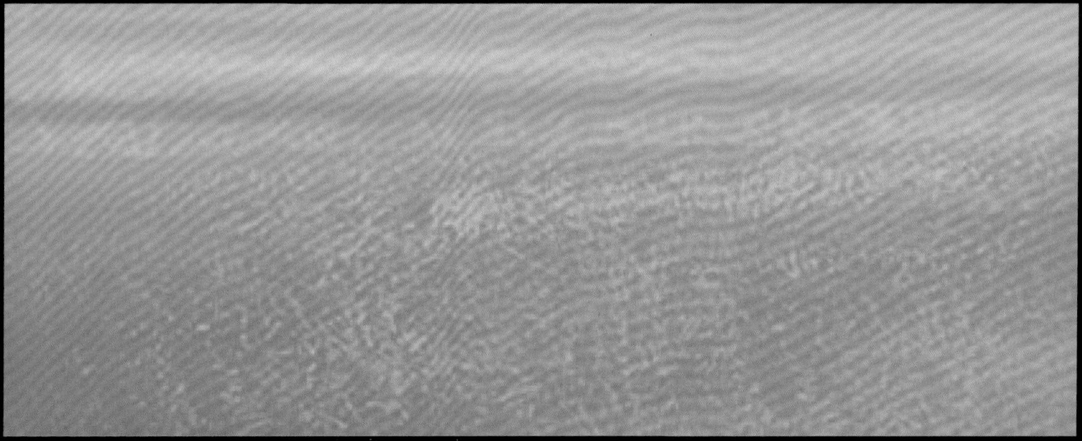

■ 图6-57

步骤二。如图6-58所示，用"套索工具"勾勒出近景中几块岩石的轮廓，注意岩石体积的大小、疏密变化以及轮廓凹凸缓急的节奏变化。填充颜色时候，要注意颜色的调子偏暗，饱和度低。

如图6-59所示，随机在岩石图层上用肌理笔刷绘制出石头的大体肌理效果，肌理笔刷要大一点，这样肌理效果会更为明显，看上去更加真实一些。

如图6-60所示，继续利用"套索工具"勾勒出岩石的受光面，运用浅一点的灰暖色调子填充并添加肌理。继续用"套索"+"肌理"笔刷的方法绘制其他岩石。注意可以用多边形套索工具，勾勒出棱角分明的选区，这样才更有石头坚硬的质感。注意填充肌理笔刷时，要将笔刷调大一些。

如图6-61所示，利用"多边形套索工具"勾勒出轮廓变化，使其更有节奏，然后填充肌理笔刷，并运用滤镜里的锐化来使肌理效果更加明显。

在运用肌理笔刷的时候，要绘制得松散一些，避免笔刷重叠覆盖，失去肌理效果。需要新建一新图层来绘制肌理，并且适当调整图层的不透明度，有些地方肌理需要清晰并锐化，有些地方肌理则若隐若现即可。如图6-62和图6-63所示，岩石受光面的纹理需要清晰锐化，并且要用"减淡工具"提亮；而暗部的岩石纹理模糊若有若无，并调低不透明度，使其颜色与底图颜色混合。

■ 图6-58

■ 图6-59

■ 图6-60

■ 图6-61

■ 图6-62

■ 图6-63

步骤三。如图6-64所示，开始画海鸟，利用"套索工具"勾勒出海鸟的身子和爪子。然后用软笔刷填充浅灰的颜色，让颜色之间有舒服柔和的过渡。并在鸟的背部用减淡工具提亮，注意减淡的范围只能选择亮部。

如图6-65所示，继续用"套索工具"勾勒海鸟的翅膀和头部，并用渐变工具为其填充颜色。海鸟的白色肚皮等地方同样要用套索工具来填充。

如图6-66所示，继续用"套索工具"勾勒海鸟爪子的造型以及绘制海鸟身旁幼鸟的外轮廓和剪影造型，然后填充深灰色。

图6-64_绘制海鸟的剪影

图6-65_填充鸟的各个区域的颜色

图6-66_进一步绘制海鸟身体的各部位

■ 图6-64

STEP 3

■ 图6-65

■ 图6-66

步骤四。如图6-67所示，这一步主要是绘制小鸟。笔者采用了硬度较高的笔刷来绘制。同时因为是逆光，笔者采用三个不同的调子来绘制由亮到暗的光影变化，使形体更为饱满、立体。

如图6-68所示，运用"涂抹工具"将不同的色阶调子糅合在一起，比如用"涂抹工具"涂抹海鸟的脖子和翅膀的衔接处，使其更自然，涂抹出海鸟身体各色块之间的过渡变化，绘制出羽毛的质感来。

如图6-69所示，进一步刻画，突出海鸟身体的明暗交界线，让形体更立体。

图6-67_继续绘制鸟的身体细节

图6-68_绘制柔和的光影变化

图6-69_突出海鸟身体的明暗交界线，加强立体感

■ 图6-67

■ 图6-68

■ 图6-69

步骤五。进一步细分黑白灰的层次，如图6-70为海鸟翅膀的层次细分，利用"套索工具"快速填充有深浅层次变化的调子，使整个鸟身丰满起来。并运用"涂抹工具"将深蓝色翅膀与白色羽毛融合一下，注意涂抹工具也是具有肌理效果的。如图6-71所示，用涂抹工具柔和一下翅膀的过渡调子，并注意翅膀结构起伏的小变化，以及明暗交界线的细节变化。图6-72为画面整体的大效果。

步骤六。用带有肌理的笔刷绘制小鸟身上的绒毛，并深入刻画小鸟的身体。图6-73是小鸟身体明暗关系的概

括绘制，此处运用的是硬边笔刷。

如图6-74所示，运用毛绒形态的画笔工具处理小鸟的身体，绘制出毛茸茸的质感效果。此时要注意光影关系，小鸟处于逆光环境下，所以外轮廓的茸毛是反光的。

如图6-75所示，运用涂抹工具涂抹底稿的明暗调子与毛绒笔刷效果，使其产生出明暗交替的斑驳效果，表现出幼鸟未丰满的羽翼和灰白相间的杂色羽毛。鸟喙以及周边的浅黄色嫩毛需要精心绘制。图6-76为调整之后的画面整体效果。

图6-70_羽毛细节刻画

图6-71_柔和笔触，让画面更细致

图6-72_确定整体的大效果

图6-73_绘制幼鸟，先明暗关系

图6-74_用涂抹工具绘制柔和过渡

图6-75_运用毛发笔刷绘制茸毛

图6-76_调整画面的整体效果

STEP 5

STEP 6

■ 图6-70   ■ 图6-71   ■ 图6-72

■ 图6-73

■ 图6-74   ■ 图6-75   ■ 图6-76

步骤七。开始绘制海鸟的头部细节，将笔刷调小，具体步骤如图6-77所示，运用"套索工具"快速勾勒出鸟喙的外轮廓造型，并填充受光面的调子，注意受光面颜色饱和度偏低、明度偏高。

如图6-78所示，运用喷枪笔绘制出喙与眼睛的衔接处，这里的效果要柔和些，才能使"套索工具"绘制出的造型能和头部融合在一起，光影也会更自然一些。

如图6-79所示，接下来运用19号笔刷来绘制炯炯有神的眼睛以及坚硬有力的喙部。注意光影的位置关系，整个鸟的头部是受顶光源照射的，头顶部、喙部都是受光面，眼睛处于暗部，但眼球是晶状体，具有反光特性。在绘制上色的时候，要尽可能用吸管吸取画面设定好的颜色，然后用HSB颜色滑块进行微调。喙部尖锐的地方要用"套索工具"来绘制。

对画面的近景，包括水鸟、岩石执行"滤镜>锐化"命令，使细节更加清晰可见。同时对远景，如远处水面、远山等执行"滤镜>高斯模糊"命令，让远景看起来更远、更朦胧，也可以使画面的纵深对比进一步加强。对比图6-80和图6-81，可以观察出锐化前后的画面效果有什么变化。

这样一张《海鸟》的CG数字绘画作品可以在1个小时以内完成。总结一下运用到的技巧如下。

- 用"套索工具"勾勒外轮廓形态和内部细节的小结构的轮廓。
- 运用"填充工具"，选择合适的颜色进行填充。
- 用硬笔刷来概括塑造出形体明暗的转折，并结合涂抹工具来涂抹柔和。
- 运用肌理笔刷填充选区，并适当调整笔刷的不透明度，绘制出柔和的肌理效果。
- 一定要牢记画面中的光影和明暗并时刻按照光影方向来刻画。
- 收尾阶段的锐化和高斯模糊能够增强画面的空间纵深感，加强突出主体的细节。

图6-77_绘制鸟头部细节
图6-78_柔和过渡
图6-79_绘制眼睛细节以及喙部质感
图6-80_整个画面大效果、画面细节以及远景的把握
图6-81_加强画面明暗对比以及整体调整

STEP 7

■ 图6-80

■ 图6-77

■ 图6-78

6.2.4 贴图法

贴图画法是商业设计项目中常用的方法之一，多应用在概念设计、游戏原画、影视MP等领域，是产品制作流程中的一个环节，这种方法不适合运用在艺术创作或是插画作品中，适合用于概念设计或是原画设定。

图6-82这幅画，是笔者为动画电影做的前期概念设计草图。创意概念草图的首要特点就是快速有效地表达创意。这里笔者运用贴图法结合Photoshop软件来绘制整个画面，作画时间大约为40分钟。作画思路是运用找好的素材快速合成处理一张影片中需要的效果图。

在这个宇宙大战的场面中，笔者想要表现的是小行星群内的战斗场面，画面中有奇异的怪石，有爆破的视觉冲击，有寄生在怪石上的宇宙路障和宇宙地雷等。

图6-82_科幻插画绘制完成稿

■ 图6-82

步骤一。开始绘制之前找一张宇宙星云图作为背景素材如图6-83所示，确定画面的色调是偏蓝紫色，会给人一种梦幻神秘的感觉。在神秘黑暗的宇宙中的泛着蓝色闪闪发光的无数小行星，为画面添加了神秘感。

步骤二。如图6-84所示，绘制出一块宇宙中渺小的小行星群中的一个怪异的小星球。这一个星球应该说是一块巨型的陨石，表面干瘪粗糙，形似干果。行星下面伸出无数触须，这些都是敌人设置的宇宙路障。

步骤三。如图6-85所示，在触须末端绘制出机械装置，这可以说是寄生在小行星上敌军的侦查站以及太空地雷。边绘制边按照设计的内容来完善画面，整体推进作画，不可局限于细节，毕竟这是以创意和视觉效果为重的草图。

步骤四。如图6-86所示，绘制一个远处较小的并且正在受到攻击的行星，这颗行星是规则的圆球体，初步设定为正方阵营。用较亮的高光绘制出行星的轮廓，使其从暗色背景中凸显出来。

图6-83_背景底图，确定大的视觉风格

图6-84_添加陨石等物体

图6-85_添加内容，增加画面的可看点

图6-86_绘制出战争场景

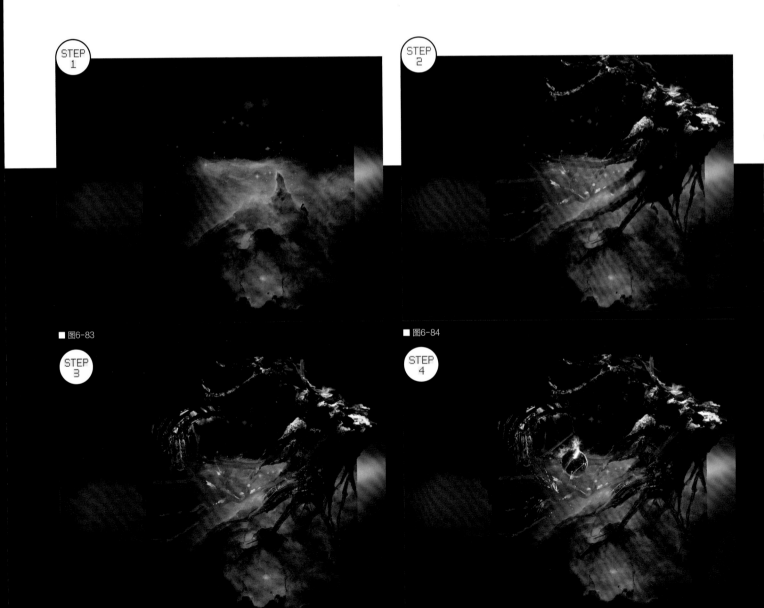

■ 图6-83

■ 图6-84

步骤五。如图6-87所示，结合构成形式与设计思维中讲到的点线面的综合知识，将这颗小星球作为一个点，整个怪石形成一个半弧形的面，将小圆点包围住，并用白色的线连结着。

步骤六。如图6-88所示，为延伸出的敌军寄生空间侦查站的一个机械臂被爆破炸开的场景，这里用到一些自定义笔刷，绘制出机械的肌理效果。怪石的肌理是用贴图法叠加上去的，设置贴图图层的"混合模式"为"正片叠底"，并用"色彩平衡"或者"曲线"工具调节出和整体画面统一的色调。

步骤七。如图6-89所示，用肌理画笔绘制出爆破的火光效果，绘制的时候应向四周轻扫几下，在爆破的背景中添加一个较大的敌军主战舰。整个画面中点线面的结合是需要注意的，战争场面的内容较多，画面布局，各个物体之间的联系都需要安排好。比如画面中的点有小星球、主战舰、白色小飞船等。画面中的线有空间侦查站的机械臂、飞船划过的白色轨迹和怪石下面的触须。画面中的面有怪石、爆破等。这些点线面之间都是相互叠加相互连接的，画面中的三个点（小星球、主战舰、小飞船）同时构成了三角形构图，并用线进行连接，使得画面更紧凑。

此外运用贴图法绘制，能大大提高作画效率并准确传达信息，提高了科幻影片的制作效率。

图6-87_继续添加细节和内容

图6-88_为画面周围添加陨石

图6-89_扩展画面，增加爆破效果，为画面增添冲击力

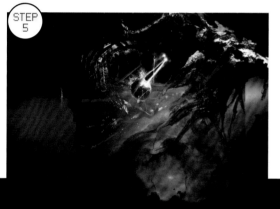

■ 图6-87

■ 图6-88

■ 图6-89

6.2.5 抽象塑形法

通过抽象造型联想，会将形态更为巧妙地运用到商业项目中去。比如花瓣的形状可以联想到什么？小的事物被无限放大，会给人怎样的感受呢？再比如蝗虫无限放大到与楼房一样大，它的造型会更像什么呢？这些思考在作画中会带来无限可能，让你的创意更有趣，更独特。

下面这幅画（图6-90）是笔者为科幻动画电影绘制的概念设计草图，所用软件为Photoshop，作画时间半小时。此画的灵感来源于水果的网状泡沫保护膜。笔者对这种有弹力的网状保护膜的造型形式很感兴趣，并思考怎样将这种抽象形态运用到笔者的科幻创作项目中去。整个创作思路是运用网状多变的造型作为宇宙中我方军队基地的出入通道。

步骤一。根据网状泡沫保护膜的造型，笔者设计了一个可以随意变形的隧道形态，这种智能型隧道在处理飞船紧急升降等突发情况时优势很大，能根据交通状况及时调整隧道空间的大小来缓解交通拥堵，减少交通事故的发生。可以说是未来科幻交通中常用的智能型隧道。可以有效阻断敌军的进入。

如图6-91所示，笔者有意将画面右方绘制成大面积的暗色，使观众的视觉中心集中在左边亮部区域。明暗的面积比例是2：1，符合黄金分割原理。隧道的曲线表面化随机自然，虚实变化丰富。画面左边较为复杂琐碎，右边较为完整概括。也要注意画面的黑白灰色调的分布，构图时需要考虑色调的疏密分布。

步骤二。如图6-92所示，用色彩平衡功能为画面调一下色调，整个画面以高雅科幻的银白色与淡蓝色为主。执行"滤镜>动感模糊"命令将背景右边部分进行模糊处理，使画面具有速度感。

步骤三。如图6-93所示，将笔者设计好的飞船放置于场景中，因为背景较为复杂，所以飞船造型设得要简洁概括一些，最好是采用流线型的曲线，这样能够表现一种很强的时尚感和速度感。飞船上的小红灯是画面整体的细节亮点。

步骤四。如图6-94所示，用"套索工具"选择飞船尾部区域，并用"自由变换工具"将其拉长制造出喷火效果，然后执行动感模糊命令来制作飞船的速度感，使画面冲击力进一步加强。

图6-93_运用动感模糊处理背景
图6-94_添加飞行器

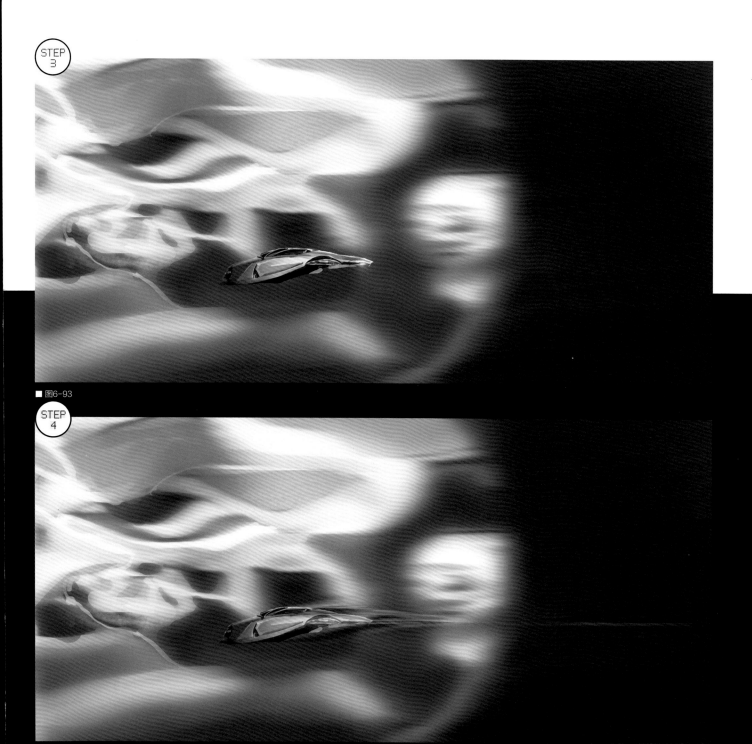

■ 图6-93

6.2.6 "大场面"综合表现法

利用数字绘画的优势，可以在较短时间内轻松绘制出复杂的大场面。在电影概念设计工作中经常会遇到突发情况，要求在较短时间内绘制出大场面。笔者从多年工作中总结出一套方法，那就是利用"单体刻画+复制整合+自定义画笔"来绘制复杂繁琐的大场面。

本节讲解的是一次课堂演示。使用的是Photoshop软件，作画时间1小时。这次示范主要涉及烟、火、水纹、倒影等特效的绘制方法以及如何运用复制的方法绘制重复繁杂的东西。

步骤一。如图6-95所示，绘制夜晚火攻战船的气氛图时，为了作画方便，第一步就把白画布涂黑，黑色的夜晚能很好地衬托出火光、水纹的造型，也能够较快地画出想要的画面效果。

步骤二。如图6-96所示，用烟雾笔刷绘制出烟雾效果，这里用的烟雾笔刷是第三章讲到的工具预设笔刷。注意绘制烟雾时需要逐层进行，先绘制较深的阴影颜色，再绘制稍亮处，最后绘制最亮处。注意烟雾外轮廓造型的凹凸变化，切不可将烟雾团绘制得没有任何凹凸感。用圆头喷枪画笔，图层混合模式选择"线性减淡"，绘制时要一次次地覆盖之前绘制的地方，使得光感越画越亮，此图绘制的是水面上火光的倒影，注意离火光近的水面最亮，光线亮度由近及远一点点减弱。

步骤三。如图6-97所示，用火焰画笔，图层混合模式选择"线性减淡"，同时选择橘黄色来绘制烟火效果。这样反复画会使火焰颜色出现中间白周围红的过渡变化。用套索工具框选出船的轮廓并填充深褐色。注意火焰近大远小的特点，远处火焰可以用"自由变换功能"拉小。

步骤四。如图6-98所示，用"套索工具"进一步细化船的造型，并绘制燃烧的木头的细节，用深色的烟雾画笔再次修改烟雾的外轮廓，然后用火焰画笔深入绘制中景火焰的效果以及小火苗的细节。

图6-95_绘制较暗的背景底子

图6-96_用喷枪画笔绘制出发光的水面倒影效果，运用烟雾笔刷绘制烟雾

图6-97_运用烟火画笔绘制烟火效果

图6-98_绘制火光的光感

STEP 1
■ 图6-95

STEP 2
■ 图6-96

STEP 3
■ 图6-97

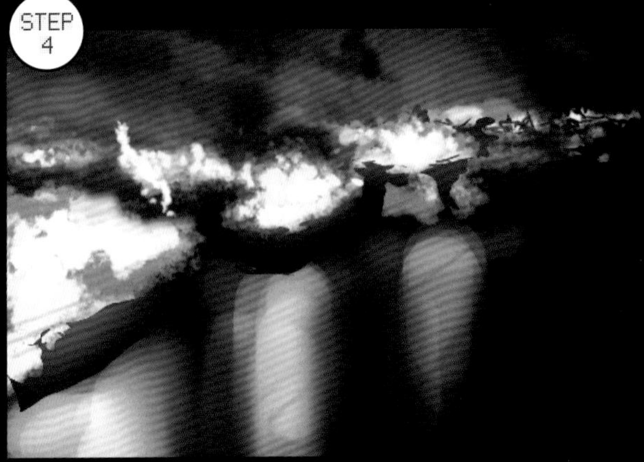

STEP 4
■ 图6-98

步骤五。如图6-99所示，用湿边画笔水平绘制一层层水面波纹，并用涂抹工具上下涂抹绘制出波纹效果。

步骤六。如图6-100所示，近处的水纹大而疏，远景的水纹小而密。笔者将近景绘制好的水纹复制并缩小贴到远景船的下面。用"涂抹工具"柔化水纹与水面的色调，处理得要自然一些。

步骤七。如图6-101所示，进一步绘制火苗效果。绘制较小的火焰时，火焰笔刷要调小，火焰轮廓的凹凸变化要自然生动。用"涂抹工具"涂抹火焰，根据火苗自然燃烧规则，由内向外，由下至上进行扩展。对浓烟也进行涂抹。

步骤八。如图6-102所示，用浅黄色提亮水面高光，注意水面整体近处的高光比远处的亮一些，明暗对比要强一些，水纹也要大一些。绘制完后要用涂抹工具涂抹硬边笔刷轮廓。

步骤九。如图6-103所示，单独绘制一艘船。方法是先用"套索工具"勾勒出船的外侧受光面，然后用喷枪画笔填充柔和过渡的调子，船帆、火光、倒影等要一起绘制，以这艘船为单独元素，复制出庞大的海上战队。

步骤十。如图6-104所示，将船的元素放置在场景中，注意光影和透视的准确性以及船身倒影和环境的融合统一。

图6-99_利用"涂抹工具"绘制水纹效果

图6-100_复制水纹肌理继续深入

图6-101_绘制火苗细节

图6-102_绘制光影效果，绘制水面高光以及添加水纹细节

图6-103_绘制一个船的单体

图6-104_将船的元素放置在画面中

■ 图6-99

■ 图6-100

■ 图6-101

■ 图6-102

■ 图6-103

■ 图6-104

步骤十一。如图6-105所示，复制刚才画好的船只并放在画面中，要注意透视原理。近处两只船相对距离比远处的要大一点，远处船相对小而密，明暗对比比近处弱，要想达到这种效果，最简便的方法是降低远处船只图层的不透明度。复制好后便可以进行个别船只的绘制处理。

步骤十二。如图6-106所示，通过CG数字绘画技巧来快速实现想要的画面效果。可以开会讨论速涂概念方案并进一步完善，还可以在这样的概念草图阶段进一步细化，力图绘制出较为细致的作品，本画是技法演示案例，不是最终完成图，只是概念草图，用于给客户展现设计效果。

熟练运用绘画技巧会使作画过程变得轻松有趣，效果也能快速出来。掌握这些处理复杂场面的绘画方法，有利于在商业设计中快速有效地完成任务。如果用传统的绘画手法来绘制CG数字绘画的复杂画面，可能会事倍功半，既浪费了时间又浪费了精力，最重要的是打击了自己的自信心。笔者认为既然是商业插画设计，就应该有标准化制作流程，就应该有专业的CG绘画技法来应对复杂的插画工作。如果说是个人艺术创作，那大可随心所欲地画，但在商业绘画中，是需要讲究效率的。笔者总结的CG绘画技法，可以帮助广大CG从业者或是爱好者轻松自信地顺利完成CG绘画任务。

图6-105_复制船只，并根据透视来调整

图6-106_整体调整画面效果

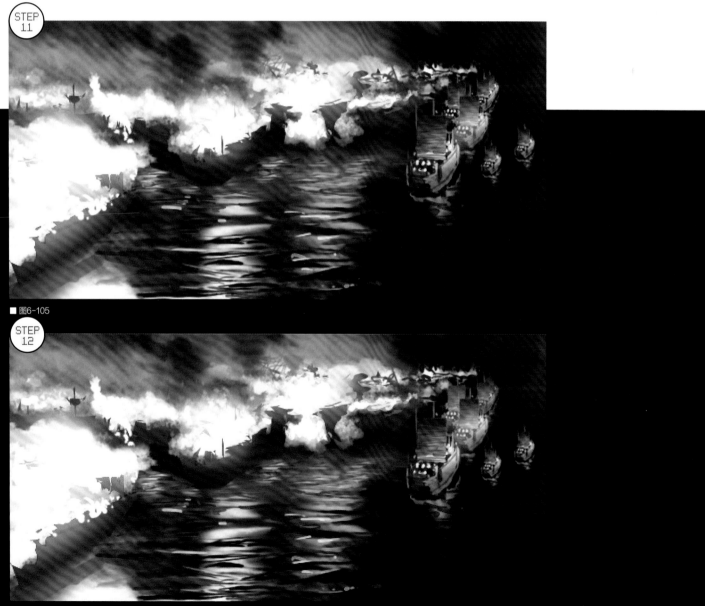

■ 图6-105

■ 图6-106

6.2.7 起稿阶段概括法

全守全攻画法是指从起稿阶段便要全面试探性进攻，画面中各方面要协调配合，不留一点死角，同时把控全局，掌握画面主动权。接下来需要重点突破，深入细化，一有灵感想法就要抓住。在收尾阶段，需要全面防守，整体调整画面，不能有半点纰漏，直到画完为止。

画作《街道》是笔者的一次课堂演示作品（图6-107）。此画重点表现的是复杂建筑街道画面的作画步骤以及软件使用技能。作画时间30分钟，软件Photoshop，教学目的是演示建筑场景的绘画步骤、套索工具的使用、黑白灰的掌握以及烟雾的绘画技巧等。这张画的绘制思路是，先绘制出准确的构图、造型以及黑白灰调子后用Photoshop的调色工具上色，这样能预先解决素描造型问题，并能快速完成上色，对初学者以及基础弱的朋友帮助很大。

步骤一。如图6-108所示，用喷枪笔刷绘制出大致的明暗光影，柔软的笔刷能绘制出柔和的光影变化，画面中，灯光为主光源，远处的建筑受到月光的照射，近景则是受路灯的光照影响。

步骤二。如图6-109所示，用云笔刷绘制出云的大体造型效果、烟雾的浓密以及云的体积感，比如云的顶部受月光照射较亮，底部较暗，背景则需要很好地突出云的效果。用"多边形套索工具"勾勒灯光造型。

图6-107_完成之后的速涂作品

图6-108_运用喷枪画笔，大致绘制出光影效果

图6-109_运用特殊笔刷绘制烟雾造型轮廓

■ 图6-107

STEP
1

STEP
2

步骤三。如图 6-110 所示，用"多边形套索工具"和"直线工具"勾勒出建筑外轮廓，这样建筑轮廓会显得笔直硬朗，在选区内绘制建筑的明暗调子，并将选区反选，来绘制背景，让背景衬托建筑轮廓。

步骤四。如图 6-111 所示，利用"套索工具"勾勒出地面的光影轮廓，用喷枪笔刷绘制出光影柔和的过渡效果，注意场景透视线交汇于一个消失点，属于一点透视，场景纵深可以通过透视得到加强。

步骤五。如图 6-112 所示，用"直线工具"绘制出栏杆以及路灯，这个直线工具非常好用，用它和多边形套索工具来绘制建筑轮廓最有效。

步骤六。如图 6-113 所示，加入人物，其画法和《特种部队》相似。先画人物的剪影，再绘制出人物内在结构的明暗关系，最后画出头发的高光。

步骤七。如图 6-114 所示，在造型、透视、构图、黑白调子以及明暗关系等大的素描关系没有问题的基础上，开始给画面上色。用色彩平衡调出画面的冷灰色调子。

步骤八。如图 6-115 所示，新建图层，图层混合模式选择"颜色"，然后用喷枪画笔来给画面上色，注意颜色的冷暖以及整个画面的调性。

图6-110_运用"套索工具"绘制出明确的建筑轮廓

图6-111_进一步绘制大的明暗关系光影

图6-112_添加画面的内容细节

图6-113_添加人物，最终确定画面的完整性

图6-114_为画面上一层统一的色调

图6-115_对局部的颜色分别进行绘制，直到速涂完成

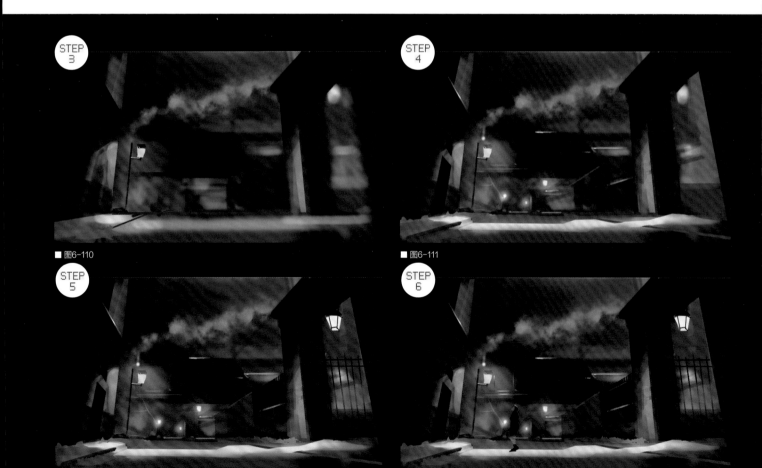

STEP 3
■ 图6-110

STEP 4
■ 图6-111

STEP 5

STEP 6

STEP
7

■ 图6-114

STEP
8

■ 图6-115

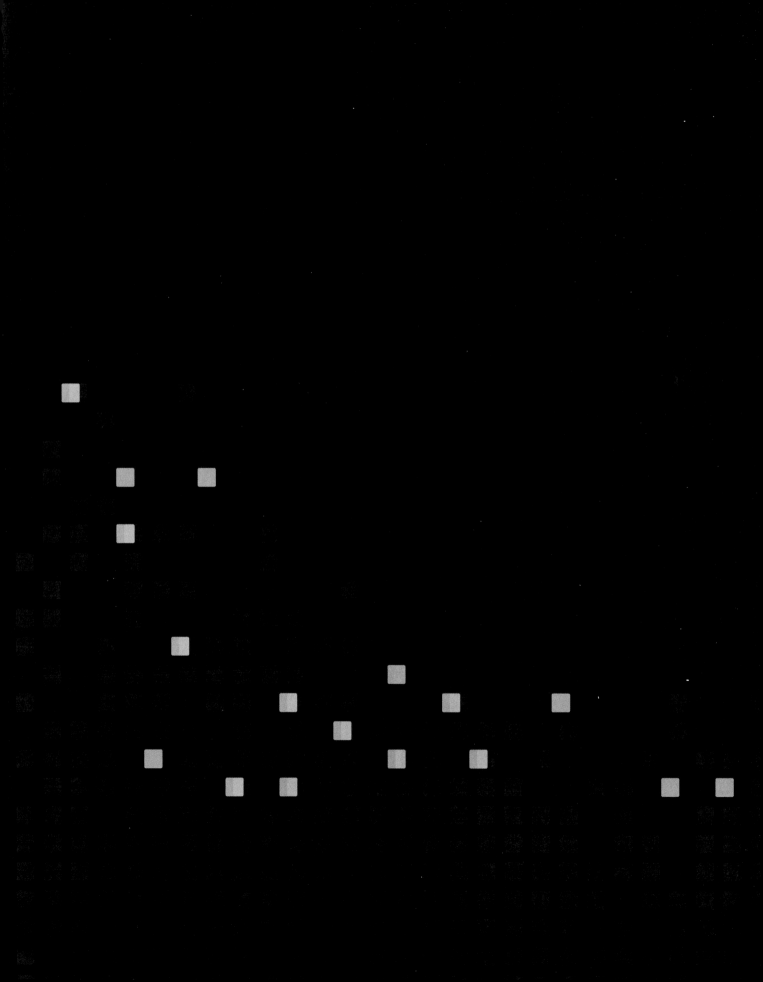

DIGITAL PAINTING DESIGN

实战篇

CHAPTER 7
场景绘画技法

本章主要讲解影视动画场景从构思与设计到绘画的表现技法，多方面介绍场景设计中会用到的相关知识和经验。通过示范讲解实用易学的绘画技法使读者能真切学到有用的技能。最后，还根据实际案例来进一步讲解场景概念设计的整个工作流程和其中会用到的实用技能。

本章概述

场景设计需要根据故事剧本进行构思，然后绘制黑白概念草图。当方案确定后，需要运用各种场景绘画技能来完成场景概念图，展示出最好的画面效果。

本章重点

着重讲解动画创作中场景的视觉风格、设计要素以及设计方法。还讲解了自然环境绘画技法、场景概念设计演示以及场景创作中会遇到的问题。

7.1 动画场景概述

场景是指展开动画剧情单元场次特点的空间环境，是全片总体空间环境的重要组成部分，也是动画画面的一个重要环节。场景可以反映剧本所涉及的时代和社会背景，交待了角色表演的空间场所，有辅助角色思想感情以及故事情节发展的作用，能烘托主题展现画面整体视觉效果以及世界观。

场景是自然景色、社会环境、人物活动等描写场面的集中表现，往往需要结合动画或电影的故事剧情。常见的故事性场景有战斗动作场景，惊悚、温馨或是欢快的气氛场景，介绍故事背景和历史环境的场景和叙述故事的场景。如图7-1，场景描绘要表现出一种特定的气氛，需要通过光影和色彩来抒情，同时要运用映衬、象征等多种手法使场景变得生动而充满感染力。

设计场景需要有丰富的生活经验和生活素材，这样才能有丰富的想象力。除此之外，还要有坚实的绘画基础和绘画能力。这些能力直接影响到影片的构图、造型、风格、节奏等视觉效果。下面具体介绍动画场景相关的内容。

动画艺术是时间与空间的艺术，是影视艺术的一个分支，动画场景的设计无不打上影视艺术的烙印。动画场景指的是影视动画角色活动与表演的场合与环境。这个场合与环境既有单个镜头空间与景物的设计，也包含多个相连镜头所形成的时间要素。

具有故事性的画面是由三大要素组成：故事（情节）、角色（人物）和场景（环境）。动画场景创作中，设计师要根据导演的总体要求，表明导演的创作意图，通过展现场景的空间构成，交代好人物活动和场面调度的关系。如图7-2和图7-3，以黑白概念草图作为动画场景的前期视觉演示，快速有效展示故事情节中的画面效果。

动画背景在一部动画片的大多数镜头中是处于第二视觉层次的，但在一些以描述场景为主的镜头里，事实上已完成了角色置换而形成另一种意义上的主要角色了。这是因为功能发生了变化，但由于这时的场景不是动态的，故仍可纳入背景设计范畴。概括来说，背景设计包含了场景的所有构成要素的具体造型，色彩及色调的配合设定。动画背景是因动画而存在的，与动画造型设计处在统一的美学构思中，两者是共生产物，构成和谐整体。

根据所包容的画面范围，动画场景设计分全景设计和近景设计两种。构图是场景的基础。一般来讲，构图表达越全面，则越应采用全景设计；相反，表达上越具体，则越应采用近景设计。这里的构图可以参考前面讲解的镜头内容。全景在视觉效果上节奏慢，而近景的视觉节奏则较快。好的场景能调动出多个镜头景别，方便动画拍摄。图7-4为场景画面的概念效果图，其镜头角度是按照故事情节要求选择的。

图7-1_《火烧城堡》场景
概念图
图7-2_场景黑白草图一
图7-3_场景黑白草图二
图7-4_《芦苇战》场景概
念图

■ 图7-1

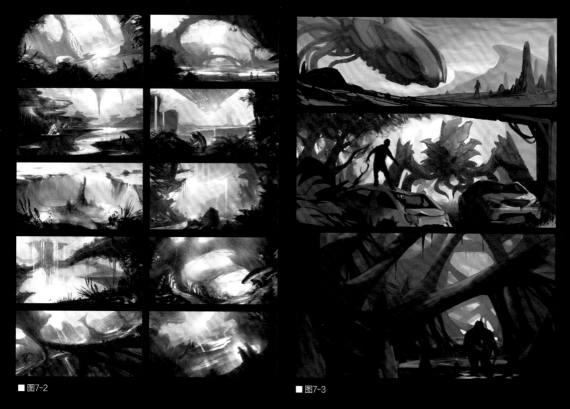

■ 图7-2   ■ 图7-3

■ 图7-4

动画背景设计大多仍沿袭人工描绘的手段（如今，CG和三维手段也不少），人工描绘手段至今仍是不可替代的最具特色的背景绘制方式之一。这并不完全是因为受制作技术的制约，而是由于这些经过设计者亲手绘制的画面饱含着人类的智慧和情感，其传达出来的独特的艺术美和人性美是不可重复的，能与实景形成完全不同的视觉心理感受，这也是动画的艺术魅力之一。

动画背景的设计风格变化有两方面的原因，一是动画艺术家在艺术上的个性化追求，二是不同时代、不同层面观众审美的多样化追求而导致的漫画化、装饰化、本土风格化等风格倾向。

下面欣赏一下国际动画设计作品，如图7-5至图7-7所示。我们可以从这些概念稿中领略国际动画师们的艺术魅力。

图7-5_国际动画师精心设计的场景概念设计图一
图7-6_国际动画师精心设计的场景概念设计图二
图7-7_国际动画师精心设计的场景概念设计图三

■ 图7-5

■ 图7-6

■ 图7-7

7.2 场景的构思与设计

场景要有时代性、社会环境性和生活环境性。场景是故事创作者的情感流露，是引导观众进入剧情，使他们感受到身临其境的保障。动画场景设计的创作思维概括来讲，总共有两个：一是影视动画的故事性思维；二是美术视觉效果思维。故事性思维是指根据动画特殊规律发挥想象，根据独特的思维内容来设计场景。美术视觉效果思维具有美学趣味和美的价值，追求视觉效果和观看体验。

在做动画场景设计之前需要熟悉动画场景在整个动画工作流程的重要性和作用以及设计时需要考虑的因素。

1. 首先要熟读剧本。需要注意四个因素：剧情、时代、地域、季节。明确故事情节的起伏及故事的发展脉络，表现出作品所处的时代、地域、个性及人物的生活环境，分清主要场景与次要场景的关系。要细读剧本找到一些具体描述场景的文字，除剧本中的文字描述外，我们还应该发挥想象力，让自己置身于故事中，去感受此时此刻的环境应该是怎样的，会有哪些可能性等。

2. 找出符合剧情的相关素材与资料，把资料用活、用真，让场景真实可信，使观众如身临其境。如图7-8所示，画面中加入中国山的元素，通过光影营造出武侠气氛，让观众感受到中国功夫的韵味。

3. 紧扣主题，确定场景主调。构思就是想，构思一切可利用的素材、资料，把视觉物体形象化、典型化。草图的目的是方便沟通和修改，场景设计时要尊重历史年代、地域特色，要注意细节的设计，表现出真实的环境特征。确定主调，所谓影片的主调，相当于音乐的主旋律，是通过造型、色彩、情节、节奏等视听要素的有机组合所形成和体现的影片情感特征的一种基本情调。

4. 增强形式感，突出镜头的冲击力。设定视线引向，组织构成，打透视线，构思画面。确定构图形式风格，物件摆放位置和角度，分清近景、中景、远景延伸的透视变化，增强冲击力。

5. 表现影片特色，烘托主题。营造空间气氛、渲染与陪衬，要用不同视点、角度表现主体环境，突出艺术魅力。突出主体，注意细节刻画。明确角色活动空间。气氛图要重情（剧情、人物之情），重势（气势、气派），重意（意境、内涵），重魂（人物之魂、景物之魂）。图7-9为电影《富春山居图》的马车场景，营造出婚礼的空间气氛，烘托其高贵圣洁的主题。

图7-8_ 为《功夫熊猫》（Kung Fu Panda）电影画面
图7-9_电影《富春山居图》中马车场景的概念图

■ 图7-8

■ 图7-9

6. 突出主题作品风格，体现手法的生动与统一。风格是个性的体现，是作品艺术的表现形式和灵魂，失去了风格，作品也就失去了艺术价值。

7. 从宏观着眼，驾驭整体基调，要具有统一性、连续性和交融性。

统一性指设计师要有整体观念。体现在两个方面：一方面是主创人员的创作意识的统一，动画片的创作往往以导演的创作意图为依据，所有创作活动都在导演的创作思路之内进行；另一方面，体现在整部作品艺术风格的统一上。

连续性指设计动画场景时，要考虑影片时空的连贯性。一部动画片会有许多不同的动画场景，配合着故事情节的发展不断变换。场景之间在时空上要有连续性，这样才能保证故事情节的流畅，才能给观众建立一个完整的时空世界。

交融性一方面指场景与角色之间在形态结构上要有互融性，同时也指角色运动、表演与场景空间的互融性，也称为"景人一体"感。动画场景设计师既要从导演的视角考虑设计方案，从大处着眼，同时还要从设计制作者的角度考虑，从小处着手设计造型风格，寻找生动合适的表现手段。

8. 探索规律，形成独特风格。动画场景的结构造型与空间塑造，与色彩材质、绘画风格构成直观可视的形式。动画场景既表达了影片的艺术追求，也体现了影片的艺术风格。动画场景设计师只有加强对动画影片造型的创新和影片形式独特性的追求，才能创作出成功的、具有独特造型风格的动画影片。

9. 研究规律，设计独特形式。动画是电影艺术的一个特殊形式，既具有电影艺术的明显特征，又具有一般影视艺术没有的特点。其中，动画片的绘画性是其所独有的特性。动画片虽然追求写实逼真的效果，但源自绘画的形式要素，从一开始就给动画艺术加上了浓重的形式美印记。动画场景设计要研究造型规律，才能设计出富有艺术特色的动画场景。

动画场景设计的风格的独特性主要表现在两方面。

一是剧本本身的内容和题材。剧本故事要具有独特的世界观才有利于创作独特的视觉体系。

二是主创人员和投资商的审美取向。投资方要具有较高的审美取向或者授予创作者更多自主权，才更有利于创作风格独特的视觉作品。如图7-10所示，画面中前景与远景的冷暖色彩比对，独特的窗户造型，简洁化的室内设计，以及符号化的人物造型等，设计都很独特。

两者中起决定应因素的还是剧情故事，也就是常说的"内容决定形式"，形式要为题材和故事服务。

图7-10_独特的动画场景
设计风格

■ 图7-10

动画场景设计的基本要素包括以下几个。

1. 景物的分类。景物分自然景物与人工景物两类,自然景物是指天空、山水、树木、花草等大自然中的现象与状态;人工景物是指人为建造的,如房屋、街道等生活环境以及人们日常接触和使用的物件。

2. 色彩归纳与色调处理。色彩归纳是对光照下景物所形成的丰富的明暗、色彩层次进行适当的概括,提取最有效而又最简洁的色彩关系、突出物象的色彩特征,对景物进行言简意赅的色彩表现应首先明确光源色与景物明暗两大色区的色相与色度的倾向,然后在此基础上根据需要增加色彩层次,这样更易把握整体的色彩关系。对景物色彩的"简化"处理是动画背景设计的特征之一,目的是为活动的"前景"留有余地。

3. 装饰化造型。装饰的词意中含有改变原有面貌的意思。从总体看,动画片的每一部分设计都具有整体上的装饰效果。但背景造型风格仍有写实与装饰的区分。从造型艺术角度去理解,装饰造型就是以自然形象为参照而更多地加入创作者的主观意图,对现实中的"原形"做程式化的处理,使所有形象都纳入一种设定的形式秩序之中。

4. 构图与气氛营造。构图是指要根据故事情节设定好镜头,场景通常采用大全景构图,这样描绘的场景内容更全面。在气氛营造方面要根据故事情节的需要,通过光影、造型和色彩来处理,以获得所需要的气氛。

5. 陈设道具设计。特别是特殊道具,需要的是细节的设计和处理,通常需要敏锐的观察力和思考能力。如设计一扇破旧的门,你需要知道哪些地方油漆脱落得最为严重,哪些地方破损厉害等等。

6. 视觉表现手法。可以通过光影、造型、色彩的构成等形式来表现,也可以通过动画的制作材料和拍摄形式来丰富。

7. 空间表现。可以利用散点透视、焦点透视等通过不同的透视来展现想要的空间。也可以通过视觉造型、色彩、光影等来处理空间。

动画场景的设计风格因题材的多样而丰富多彩,大体可分为四种。

- 写实风格:真实可信,具有质感,如《龙猫》(Totoro)《钟楼怪人》(The Hunchback of Notre Dame)等。
- 装饰风格: 具有规划性、秩序性、规则美、秩序美、概括美和形式美,如《大闹天宫》《哪吒闹海》等吸收了传统的敦煌壁画色彩、人物造型和多点透视法。
- 幻想风格: 大胆夸张,如《天空之城》(Laputa: Castle in the Sky)《风之谷》(Warriors of the Wind)《千与千寻》(Spirited Away)等。
- 综合风格: 运用各种材料,如《彼得与狼》《小鸡快跑》等。

下面就逐一来讲解这接种动画场景的设计风格。

A. 写实风格

写实风格就是对客观现实的记录和再现,符合人们日常心理和生理习惯,相对比较真实,如图7-11所示。

a 写实风格场景需要遵循的原则

- 造型样式写实: 要考虑历史的真实、时代的要求和地域的特色,还要符合一定的科学规律。
- 自然材质写实: 场景中所涉及材料的自然属性和质地都要遵循一定的自然法则,并符合人们的常规视觉感知。
- 光影关系写实: 一要符合科学和自然的光学规律,而且要符合自然中物体被光照射后所产生的投影效果和投影角度。
- 色彩规律写实: 符合光色条件下物象本身色调的色彩形式。也就是人们常认为的地是黄的、天是蓝的、云是白的、树木小草是绿色的等等。

图7-11_日本动画大师宫崎骏的作品《千与千寻》中的场景,无论在造型、材质或光影上都极具有写实力与表现力

■ 图7-11

b 写实场景的风格特点

- 具有强烈的真实感和亲和力，符合大多数观众的欣赏趣味和习惯。
- 画面效果精细、丰富，具有质感，给人一种身临其境的感受。
- 符合常规大工业生产的需要，多个设计者可协作。

c 写实风格适合表现的题材

- 具有特定或指定场景要求的动画。
- 带有宏大气氛、场面的科幻题材动画片。
- 具有深刻现实主题的剧场长片。
- 制作周期长，人员参与众多的系列动画。

d 写实风格的要点

- 时间、地点、空间要明确。
- 安排角色表演区域和行动路线。
- 依据资料和各种参考完善制作场景。

B. 装饰风格

装饰风格就是将生活中物象的自然形体和复杂的颜色进行一定的概括和规则化、秩序化。

a 装饰风格场景遵循的原则

- 秩序性：将生活中的随意形体，经过删减、概括、归纳、夸张，去粗取精，得到具有一定秩序感的形体。
- 主观装饰性：对场景中的装饰因素进行概括并强化。例如变形、变位、变色等。

b 装饰风格场景的特点

- 大块的装饰效果更能突出主题和主角。
- 一般主题简单，内容单纯。
- 比较符合儿童的欣赏习惯。

c 装饰风格的要点

- 对物象的形、色、基本规律进行提炼和概括。
- 装饰手法的统一。
- 安排角色表演区域和行动路线。
- 依据资料和各种参考来完善制作场景。

C. 幻想风格

非现实的，超乎人们日常生活的常规视觉与想象的场景，如图7-12所示。

a 幻想风格特点

- 形式造型极其大胆、夸张，超乎常规想象。

魔幻动画《迪亚哥》（Diego）是讲述发生在一个魔幻世界中的传说，故事中充满了活力、幽默和浪漫。它是一个有着史诗般的战争、叛逆、怪兽的幻想历程。该片由马克·F.阿德勒（Marc F. Adler）、杰森·穆勒（Jason Maurer）执导。

- 色彩新奇、形式大胆、色彩夸张、造型奇特，超出人们常规心理和欣赏习惯。

优秀的场景设计能够有效地吸引观众，《狮子王》（The Lion King）、《千与千寻》、《埃及王子》（The Prince of Egypt）、《最终幻想II》（Final Fantasy II）、《机器人总动员》（WALL·E）、《哈尔的移动城堡》等动画之所以深刻地打动我们，与动画场景设计所带给我们的视觉感受密不可分。大胆夸张以及奇特的视觉奇观总能吸引住大多数观众。图7-13为场景概念设计，追求奇特大胆的设计理念，运用大面积的暖色调，形成独特的视觉效果。图7-14采用夸张的造型设计，将岛屿及岛屿上的建筑设计得独特有趣。

b 典型场景设计的三种关系

- 关系场景：运用点、线、面的形式组合来构造视觉意境，大全景系列为主，交代事情发生的时代大环境以及人物或事物所处的环境背景。
- 动作场景：动作画面多为局部叙事景别，属于中景系列，此类场景方便动作戏拍摄，使画面更有冲击力，可以设置很多爆破点、障碍物、危险环境设施等等。
- 气氛场景：起暗示、象征、比喻、拟人强调的作用。如《黄土地》《红高粱》等都通过渲染情调达到最佳视觉效果，烘托人物情感升华故事主题。图7-15为《油菜花田》气氛场景图，画面中的黄色油菜花地以及朦胧的远景山岚，营造出一种世外桃源的美丽画面。

图7-12_幻想场景画面
图7-13_笔者与他人合作作品《芦苇荡》中的场景

■ 图7-12

■ 图7-13

图7-14_《圣岛》场景设
计概念图
图7-15_《油菜花田》场
景设计概念图

■ 图7-14

■ 图7-15

图7-16_笔者作品《两狼山》设计稿

7.3 自然环境绘画技法

　　自然环境的绘制在动画场景中出现较多，如图7-16所示。下面笔者为大家重点讲解一下自然环境绘画的技法。这里介绍了天空、云朵、树木、山等自然环境的绘画思路和作画步骤。这些绘画步骤也是CG绘画中常用的，希望大家能临摹掌握，并举一反三地灵活运用，绘制出更多美好的画面。

7.3.1 天的表现方法

　　我们在画一幅画的时候，天空也许会占据一大半的画面。在画面中，天空给人舒展、深远、空旷的感觉。随着环境、气候、时间和光线的不同，天上的云彩和天空的颜色也千变万化，可以说画中天色相同的情况极为少见。天色是画幅中最远的色彩，有深远的空间效果。在晴天，蓝、青等色是画天色时不可缺少的色彩，但是，接近地面或远山的天色，总带有偏暖的紫灰色倾向，所以天色在大多数情况下是上冷下暖，上暗下明的。天色和与地面相接连的景物色彩有关，二者常常在互相对比中，产生补色关系。如在晴天，绿树丛后面的天色，会增添绿的对比色——红的元素，使蓝天倾向于紫灰。认识并描绘出这种对比中产生

的色彩倾向，可以加强色彩效果，使画面更加丰富生动。

　　天色有时可以画得简单，有时可以画得丰富，这取决于画面整体效果和主题表现的需要。但在一般情况下，天总不宜画得过于突出，否则会失去表达深远的空间，除非天是画面表现的主体。画比较单纯的天色，在用色和笔法上要稍有变化，不要调好一个颜色，便像刷墙那样毫无变化地左右涂抹，这样会导致天空效果单调与呆板。

　　除非是万里晴空无云，否则，云总是天空构图中不能不考虑的因素。云的形状、色彩变化丰富，不同季节、气候、时间、光线的条件下，云有不同的特点。云彩有动势与静态之分，有厚与薄，有远近透视，有平面立体等变化。云的色彩，虽然大多比较明亮，如与天色或地面色彩相比，也有色彩的不同倾向。晨曦与傍晚的霞光，则是五彩缤纷，灿烂夺目。所以，云可以给人们清淡、浮动、浓重、深沉、单纯、华丽等等多种不同的感受。但是，无论如何云彩不可能具有地面景物那样的充实感。

　　下面讲解一下云的绘画技法，如图7-17所示。笔者试图用最精炼有效的方法来绘制云。让大家能够轻松掌握绘画技法。在绘制天空和云的时候特别注意光影、结构、轮廓之间的相互渗透。绘制出自然流畅的云是需要些技巧的。

步骤一，如图7-18，第一步是要填一个灰蓝色的基底，为的是统一画面色调，并为后面的深入绘制提供衬托和环境色。笔者用一个相对中立的灰蓝色（R153，G167,B180）来填充整个画布。将画好的底图放在图层的最下面。

步骤二，如图7-19，下一个阶段是决定云的摆放位置，云是有动势的，这朵云是由左侧飞向右侧的，为了绘制好云的造型剪影，笔者用更深的颜色（R126，G140,B157）在一个独立的图层上绘制形状。这个阶段需要使用大而柔软的笔刷，如喷枪笔，轻松自如地绘制出流畅的剪影造型，部分地方需用"涂抹工具"涂抹出动感模糊效果。

图7-17_天空的完成图
图7-18_填充底图
图7-19_绘制出云的摆放位置和云的大体动势

■ 图7-17

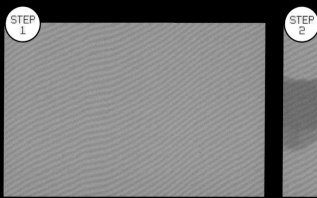

■ 图7-18

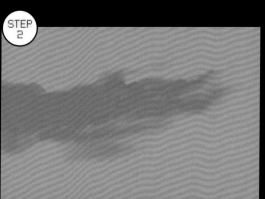

■ 图7-19

步骤三，如图7-20所示，这时候给云加入一点边缘光源，营造一个逆光的效果。具体方法是，选择一个较亮的颜色，用不透明度80%的喷枪笔来绘制光线，还可以使用不透明度为50%的橡皮擦来逐渐淡化云后面的光线，表现出光线的衰减过渡变化。使用"涂抹工具"模糊云的受光部，特别是轮廓部分。

步骤四，如图7-21所示，开始细化云朵暗部的小细节，用不透明度80%的小喷枪笔刷，来细化云朵暗部的小体积和小结构，并配合"涂抹工具"进行柔和处理。注意云的外轮廓的虚实变化。

步骤五，如图7-22所示，现在开始加入一些细节，绘制出远处离光源较近的云。云层被光束穿透看起来稀薄通透，背光的云层的厚重轮廓看上去也较为清晰。用接近于白色的较亮颜色来绘制云的受光部分。笔者在云的顶部设计了两个层次，受光的云层很亮，背光面的云层则较

暗，使得云的层次对比强烈，形成反差，体积轮廓也清晰地表现出来。绘制云朵周围较为稀薄的小云朵，用一个3像素~5像素左右小喷枪来绘制远处受光较亮的小云朵。

步骤六，如图7-23所示，开始绘制云层暗部的细节，仔细观察会发现暗部的结构、轮廓会较为清晰，并不是一团昏暗的。下面用"减淡工具"为暗部提亮，并用小喷枪勾勒细节，加"涂抹工具"柔化，力求模糊动感。

步骤七，如图7-24所示，丰富中灰调子即最亮和最暗的中间色调的细节。将暗部细节进一步细分，用线勾勒出云层的轮廓，并配合"涂抹工具"轻轻涂抹。

结论：这是一个绘制剪影造型的很好技巧。通过不断细化光影结构，然后用"高斯模糊"柔化模糊形状，最后用一个小的喷枪画笔勾勒轮廓和细节，使得云的亮部线条更鲜明，并不时添加小细节直到满意为止。

图7-20_给云加入一点边缘光源，塑造逆光的效果
图7-21_开始细化云朵暗部的小细节
图7-22_开始加入一些细节，绘制出远处的云
图7-23_开始绘制云层暗部的细节
图7-24_绘制画面中灰调子即最亮和最暗的中间色调丰富细节

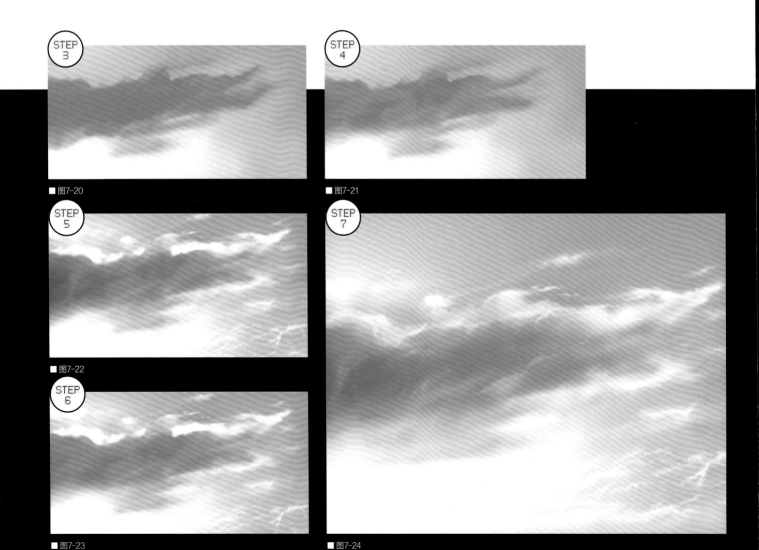

STEP 3

STEP 4

STEP 5

STEP 7

STEP 6

■ 图7-20

■ 图7-21

■ 图7-22

■ 图7-23

■ 图7-24

下面笔者将进一步扩充天空绘画内容，将云和天空的技法运用到创作中。如图7-25，绘制一种魔幻的天空，乌云滚动翻腾，光影色彩发生微妙的变化。

步骤一，用一个大而软的笔刷来绘制画面，如图 7-26 所示，选用喷枪笔刷来绘制。如图 7-27 所示，使用了饱和度较高的暗蓝色、中蓝色和灰紫色来绘制天空的基底，注意三种颜色之间要互相渗透柔和。新建图层，将"图层

混合模式"设置为"强光"，选择一种明亮、饱和度较低的橘黄色提亮画面，营造一种夕阳暖光的氛围。

步骤二，如图7-28所示，使用自定义笔刷来绘制云层肌理，选择一些饱和度适中的灰调子来绘制，模仿出云朵的形状。笔者设定左上角有一些光线穿透厚厚的云层，突出云的体积感。自定义笔刷会为画面添加一些有趣的不规则边缘和纹理。

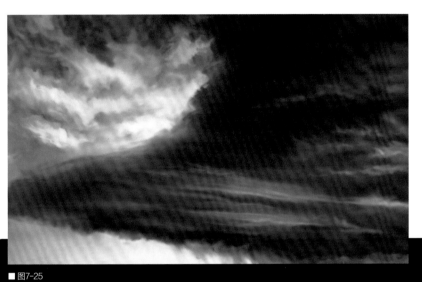

■ 图7-25

■ 图7-26

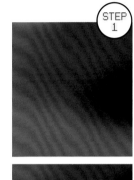

■ 图7-27

■ 图7-28

步骤三，如图7-29所示，用小刷子开始细化云层和天空。用HSB颜色滑块选择颜色，用边缘柔和的笔刷来绘制柔光效果和光线穿透处薄薄的灰调子。如图7-30，运用自定义笔刷，制作出云的自定义肌理笔刷，能够绘制出富有变化的笔触效果，云笔刷可以通过网络下载。

步骤四，如图7-31所示，不断绘制出画面中的明暗过渡面，让使画面层次丰富起来。

步骤五，如图7-32所示，在这一步主要是使用"模糊

工具"适当涂抹柔和自定义纹理笔刷绘制的肌理，用"涂抹工具"涂抹柔化云中受光面的灰调子。涂抹的时候注意要涂出云的飘逸的造型来。

步骤六，如图7-33所示，添加更多的细节，这次主要是利用小而软笔刷绘制云层中较小的云朵的体积。

步骤七，如图7-34所示，用一个小的软笔刷来绘制更多的细节，配合使用"涂抹工具"将颜色涂抹融合。

图7-29_用小刷子开始细化云和天空

图7-30_云的自定义肌理笔刷，能够绘制出富有变化的笔触效果

图7-31_不断绘制出画面中灰调子的过渡面，让体积丰满起来，画面层次丰富

图7-32_进一步深入绘制

图7-33_添加更多的细节，让画面更加细致

图7-34_用小的软笔刷刻画细节

STEP 3

■ 图7-29

■ 图7-30

STEP 4

STEP 5

■ 图7-31

■ 图7-32

STEP 6

STEP 7

■ 图7-33

■ 图7-34

步骤八，如图7-35所示，为了增强画面的光影效果，笔者用"减淡工具"选择亮部，绘制出云朵的受光部分，用"加深工具"绘制云层暗部的调子。新建图层，将"图层混合模式"设置为"正片叠底"，如图7-36所示，给画面暗部加深。

画面下方的暖黄色光线反射在整个云层的底部左侧，整体画面中橘黄色与蓝色形成色彩对比，为了使画面色彩既统一又有冷暖丰富的变化，笔者将暖黄色调子自然饱和度调低。

同时调整整个画面的自然饱和度，使画面颜色更逼真。

完成这些工作之后调整画面的色彩平衡，移动滑块偏向红色和黄色。使得整个画面不会那么冷，颜色也会自然一些，不会太假。

下面用暖黄色喷枪笔来绘制出阳光散射在云层暗部的弱光，轻柔涂抹，使得暗部某些部分的颜色也微微带有一丝暖黄色阳光感，如图7-37所示，如果对画面中某些区域的颜色不是太满意，可以使用"套索工具"选择这些区域后，调整色彩平衡来进行个别颜色的调整。

图7-35_增强画面的光影效果

图7-36_将"图层混合模式"设置为"正片叠底"，给画面暗部加深

图7-37_调整色调，并最终完成

STEP 8

■ 图7-35

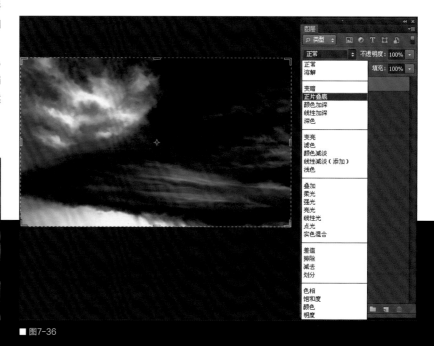

■ 图7-36

■ 图7-37

7.3.2 树的表现方法

笔者认为树是景观中的重要内容，也是景观画中经常用到的题材，如图7-38所示。树的品种繁多，其形体特征和结构也各有不同；由于树龄的不同，树木的形象也是千姿百态的。随着季节、气候、光线、时间的变化，以及周围不同环境的结合映衬，树的色彩更是丰富而美妙的。

树除了外形美，还具有体态美。有的树干笔直，有的树干倾斜弯曲。画树的顺序可先画主干，确定树的姿态；再根据树的外形画叶丛；然后再加小树枝，使主干与树叶联成整体。小树枝在叶丛的底面暗处，受光少，色彩浓重，主干周围树叶少，往往可以透过主干看到明亮的天色或后面的景色，这可以使树丛疏密有致，显得不闷。画多棵树在一起的丛树时要注意整体的外形美和树枝聚散关系，树丛大小、曲直姿态要安排得体，使之互有联系、呼应、对比和衬托。

树的色彩，受季节、气候、时间与光线和固有色等因素影响，不能只使用一种绿色来表现树的颜色。认识树的色彩，与观察所有的色彩现象一样，不要孤立地看一点画一点，要从整体去比较着画，才能区别同类色中丰富的色倾向。从空间关系看，绿色的树如果位于远处，会与周围景色一样，被罩上一层蓝青冷色调，成为含灰的蓝绿、青绿或灰绿等色相。这种树的颜色的空间变化，联系起来观察是很明显的。

画树的技法很多，要注意避免通常画树的四弊，即形不美、结构松、色概念、笔零乱。下面笔者为大家展示画树所用的方法和技巧，这些方法对画任何植物都通用。

| 图7-38_树的完成图

■ 图7-38

步骤一，如图7-39所示，选用褐色用硬边笔刷勾画出树的剪影造型，突出树枝权的长短粗细以及虚实变化，并根据树的实际生长规律，绘制出朝向不同的小枝权来。

步骤二，如图7-40所示，用肌理画笔来绘制树叶，注意树叶不是一片片绘制的，而是利用笔刷扫上去的，先用灰绿色来铺第一层叶子。

步骤三，如图7-41所示，根据树的生长规律，绘制

第二层树叶的时候，需要在小枝权较多的地方绘制，然而较粗的树枝叶子较少，这样树冠便有了疏密关系。

步骤四，如图7-42所示，开始绘制第三层树叶，注意树冠好比一个球体，是有体积关系的。在树冠中心位置，树叶相对密集。部分树叶遮住了树干和树枝。而树冠外轮廓相对叶片单薄稀疏，因此需要注意外轮廓造型。

图7-39_勾画出树的剪影造型

图7-40_用肌理画笔来绘制出树叶

图7-41_根据树的生长规律，绘制第二层树叶

图7-42_绘制第三层树叶

■ 图7-39

■ 图7-40

■ 图7-41

■ 图7-42

步骤五，如图7-43所示，填充黑色背景使大家看得更直观，现在要将树从平面剪影图形变为立体图。这就必须要用光影来体现体积。笔者确定好光线方向后，用"减淡工具"对树冠、树枝、树干的受光部位进行提亮，再用"加深工具"绘制好树干的暗部以及树叶留在树枝上的阴影。

步骤六，如图7-44所示，在绘制好中间调子后，进一步用"减淡工具"，选择高光范围，对树冠顶部位置统一进行提亮，并对个别受光强的部分反复涂抹形成高光。还要对树冠底部进行加深处理，使树更立体，明暗对比更为强烈。

STEP 5

■ 图7-43

图7-43_填充黑色背景
图7-44_整体调整画面，并最终完成

STEP 6

7.3.3 山的表现方法

风景中的远山，处在天与地相交处。远山在风景构图中，通常不会是主体物，但它可以体现空间感，衬托前景，丰富色彩，起到了加强主题的表现。在绘制远山时，要重视色彩和线条的美感，增强画面的感染力。

刚开始画山的时候，往往容易把远山画得深且暗。其实远山大多是明亮的，远近的调子悬殊差异是明显易辨的。远山的色调十分单纯，接近地面处稍带粉气。多层次重叠的远山，要通过比较，区分出它们微弱的色彩冷暖差异。远山与天的连接处，色彩的对比状况一般是山色偏冷、天色偏暖，山色稍深、天色偏明。这种冷暖、明度的区别是十分微弱的。朝阳或夕照投射的远山，会有受光部的暖调和背光面的冷调之间的差别对比。受光部的颜色是光源色，背光部的颜色是天光反射色，有补色效果。

《卡拉卡尔山》是一个动画场景的实战案例，如图7-45所示。图7-46是绘制该作品的步骤图总览。

《卡拉卡尔山》呈现的是一座座绵延重叠的雪山，覆盖着茂密的雪松林。中间有曲折婉转的冰水融化成的山泉，雪峰仿佛漂浮在绵绵的云层之上。

卡拉卡尔为主峰（主题）在画面中央。我们借用壮丽的雪山来比喻人们坚强的意志和伟岸的身躯（在近景处有和蓝月亮峡谷相衔接的地貌）。

基本元素有蓝天、群山、卡拉卡尔雪山（类似花之路雪山）、缭绕的云雾、清晨的朝阳等。

图7-45_《卡拉卡尔山》是一个动画的场景的实战案例

图7-46_《卡拉卡尔山》的绘画过程

■图7-45

■图7-46

步骤一，如图7-47所示，用带有肌理的自定义笔刷随机绘制出山脉的大体轮廓，笔刷的随机纹理也自然地表现出山脉被白雪覆盖而丰富变化的轮廓。斑驳的黑白斑点都是随机绘制出来的。

步骤二，如图7-48所示，用色彩平衡给黑白的画面添加灰冷色调子，并新建图层将"图层混合模式"设置为"颜色"，为画面进一步上色，注意要选用蓝色系中的颜色，切勿用黄或红色系的颜色。

步骤三，如图7-49所示，让画面的天空更蔚蓝，进一步把杂乱的造型规整一下，找出好看的山脉肌理造型并绘制出来。

步骤四，如图7-50所示，用"曲线工具"给画面提亮，把远景的天空整理得更为干净整洁，山的轮廓更为清晰，重点刻画出主峰的造型结构。

步骤五，如图7-51所示，进一步调整画面，受光面雪山的颜色偏暖背光面偏冷，需要把背光的雪山调子提亮，将远景山脉调子设为偏灰蓝色，削弱明暗对比，同时加强近景的山脉明暗对比。

步骤六，如图7-52所示，继续整理雪地的轮廓与山的结构，注意雪和山的明度对比比较强烈，轮廓也比较明确，山石在白色雪地上的分布是有大小疏密变化的。

图7-47_《卡拉卡尔山》的黑白草图
图7-48_用色彩平衡给黑白的画面添加灰冷色调子
图7-49_进一步把杂乱的造型规整一下
图7-50_用"曲线工具"绘画面提亮
图7-51_进一步调整画面
图7-52_继续整理雪地的轮廓与山的结构

■ 图7-47

■ 图7-48

■ 图7-49

■ 图7-50

■ 图7-51

■ 图7-52

步骤七，如图7-53所示，用"魔棒工具"选中画面中的暗调，然后用"曲线工具"将其调亮，并用RGB滑块调节颜色，使山的颜色干净透亮。

步骤八，如图7-54所示，用喷枪画笔绘制出光晕效果以及远景山的雾气效果。

步骤九，如图7-55所示，调整近景山脉的走势，使其更为曲折，并在雪地受光面填充暖黄色，让颜色冷暖关系更为突出。在远处添加了一群大雁，让画面更有生机。

图7-53_用"曲线工具"调整画面光影

图7-54_用喷枪画笔进一步调整画面

图7-55_画面整体绘制完成图

■ 图7-53

■ 图7-54

■ 图7-55

7.4 场景概念草图

概念草图也是速写的一种表现形式。速写很重要的一个作用就是记录，把你的一些突发的绘画灵感记录下来。我们都知道，自然之中的美是转瞬即逝的，应该学会从这瞬间中抓住绘画灵感，这就是一种观察的敏锐性，面对错综复杂的大自然，观察要深入，对不同物体的结构、特点要做深入的了解。有了敏锐的观察力还不够，还需要平时多收集素材和资料，并灵活运用这些资料，学会激发大脑创意和想象力，并且要经常训练速涂技能，不然，即使来了绘画的灵感也难把它很好地表现出来。

说"涂"不如说"写"。写，指的是一种手段，中国画中强调线条的书写性，西方绘画中突出空间、光影等，都是利用线条和明暗等元素把作者们想表现的东西表达出来。由此可见，速写不仅仅指速度，还是一个复杂的认知和表现过程。

"外师造化，中得心源"，这八个字概括了从客观现象到艺术意象再到艺术形象的全过程。这就是说，艺术必须来自现实美，必须以现实美为源泉。但是，这种现实美在成为艺术美之前，必须先经过艺术家主观情思的再造。

在摄像技术高速发展的今天，速写仍被越来越多的美术工作者所喜爱，表现出了超强的生命力，那是因为，作者们在画速写中找到了绘画的感觉和创作的灵感，作者们的情感在挥洒的线条中得到了释放和表现。

这是一个绘制自然环境最为实用的技法，简单容易掌握。本教程是笔者为电影概念设计网络班做的一次课堂演示。学生根据演示步骤来绘制，一学即会，都能出色地完成该作品。

7.4.1 风景速涂

此画创作用时30分钟，选用的软件是Photoshop。

教学目的是教授学生灵活利用"套索工具"快速勾勒出剪影造型以及如何合理安排画面的黑白灰关系。利用"涂抹工具"，处理画面的虚实。用肌理笔刷快速添加画面细节。用软笔刷绘制云雾并掌握如何利用"铅笔工具"绘制高光细节。

步骤一，如图7-56所示，用"多边形套索工具"勾勒出山脉、沙地、山丘的轮廓起伏，注意山脉的起伏变化和疏密关系。用"渐变工具"填充黑白灰色调，注意黑白灰的安排，近景调子偏深，中间调子偏亮，因为受到阳光照射，远景山脉调子偏灰。用软笔刷大致绘制出天空的灰调子，

注意调子要柔和，这样更有云雾的感觉。

如图7-57所示，确定好大致的黑白灰调子后，用"吸管工具"吸取地面的调子，并用HSB滑块微调B的数值，调节颜色的明暗度，用肌理笔刷绘制出地面的纹理效果，注意近处的肌理大些，远处的肌理要小而密集。

如图7-58所示，进一步加强画面的黑白灰构成，用暗调子填充山脉，使山脉的轮廓更加硬朗。

如图7-59所示，开始给近景山坡加些肌理，用Photoshop软件自带的常用肌理笔刷绘制中景的沙地上云影柔和的阴影调子。

图7-56_用"多边形套索工具"勾勒出山脉、沙地、山丘的轮廓起伏，注意山脉的起伏变化和疏密并绘制大构图

图7-57_柔和画面调子，绘制地面肌理

图7-58_进一步加强画面的黑白灰构成

图7-59_开始给近景山坡加些肌理

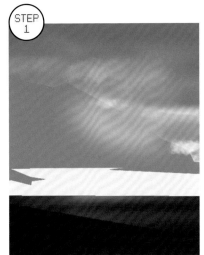

■ 图7-56

■ 图7-57

■ 图7-58

■ 图7-59

步骤二，如图7-60所示，继续用"套索工具"随机地绘制出沙地上云的阴影轮廓，注意阴影轮廓造型都呈扁长型。在选区里填充浅灰色调子，注意不要平涂，要有深浅的变化。

如图7-61所示，给山脉绘制内部结构，注意山体内部的微妙变化。尽可能用"吸管工具"吸取颜色，并概括山脉大的体块。将山脉分解成三座小山，每座小山都由三至四个小体块组成，用分解成小体块的方式来绘制，切不可胡乱涂抹。

如图7-62所示，进一步细分山脉中的其他两座山脉，用肌理笔刷绘制出山脉纹理效果。

步骤三，如图7-63所示，利用"涂抹工具"对中间云的阴影进行小范围的涂抹，记住影子的虚实变化，切不可整体涂抹，要有实边和虚边。并用"加深减淡工具"调整云的阴影，让影子的明暗调子丰富起来。

用硬边小笔刷来勾勒出山脉结构的大致线条，并进一步区分山体内部小体块的结构轮廓。绘制山体时，需要顺着山体走势运笔，如图7-64所示，用铅笔绘制荒漠中的人物。

如图7-65所示，用喷枪笔刷绘制天空中的云朵，注意云的深浅虚实以及轮廓造型变化。

■ 图7-60

■ 图7-61

■ 图7-62

■ 图7-63

■ 图7-64

■ 图7-65

图7-66_《蓝色月亮谷》
场景概念图

综合案例
动画场景《蓝色月亮谷》

下面讲解的这套动画背景设计笔者从艺术总监的角度来分析和修改画作，大家可以了解到在实际工作中应该注意的问题。

场景描述：夜幕悄悄降临，柔柔的月光轻轻地拨开云层的遮挡，将银色的光芒撒向山谷，照亮山谷的每一个角落。在高耸陡峭的悬崖下面是一条缓缓流淌的暗河，倾泻下来的月光将暗河照耀得清澈见底。

图7-66是经过笔者修改后的动画背景。

■ 图7-66

步骤一，如图7-67所示，直接用色块绘制的方法来起稿，用喷枪画笔绘制背景的天空和云雾。用"套索工具"绘制出山体轮廓并由近及远地绘制出深浅层次，近处要暗一些远处要亮一点，月亮位于画面中间偏左上的位置，是构图中的黄金分割点。画面整体色调设定为蓝色的，所以在选择颜色上，尽可能在蓝色系中保持微妙的冷暖变化。

步骤二，如图7-68所示，进一步细分山体的体块转折，用"套索工具"勾勒出山的受光面与暗面，勾勒时应注意山体岩石坚硬有棱角的造型特点。推荐选择"多边形套索工具"勾勒，这样能够绘制出山体轮廓坚硬的特点。

步骤三，添加画面中的水晶，策划文字元素，柔化远景山脉的轮廓，加入一些雾气，表现场景神秘梦幻的气氛。如图7-69所示，笔者对这张画进行修改调整，让整体画面调理清晰，气氛到位，细节深入。

步骤四，如图7-70所示，在构图和内容上基本达到要求，但在山体轮廓、层次以及体积感上处理得较为混乱模糊，空间纵深也不够，色彩单一缺少冷暖变化，细流以及植物都没有处理好，下面由笔者对这张画进行修改和调整，让其符合动画需要并提升画面质量。

图7-67_直接用色块绘制的方法来起稿，用喷枪画笔绘制背景的天空和云雾

图7-68_进一步细分山体的体块转折

图7-69_添加画面中的水晶，策划文字元素，表现场景神秘梦幻的气氛

图7-70_开始对这张画进行修改和调整，使其符合动画需要并提升画面质量，左边为修改前的原画，右边为修改调整后的画面

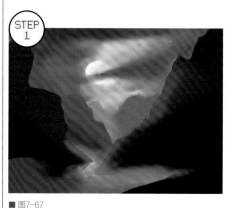

■ 图7-67

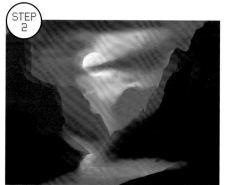

■ 图7-68

■ 图7-69

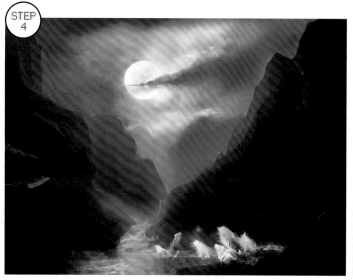

■ 图7-70

步骤五，如图7-71所示，调整画面色彩，降低远景以及天空的色彩饱和度，并将远山的明度调灰，这样能将远景的推远，空间的拉开。

步骤六，如图7-72所示，进一步刻画天空中云的细节，添加远景山的层次，使其层次再丰富。远景山的底部用较亮的蓝色绘制出幽幽的蓝光，让场景更加宁静、神秘。加强近景山体的体积结构塑造，勾画出山体体块的转折和结构。

步骤七，如图7-73所示，用云的自定义笔刷来绘制天空中的云雾效果，并用"涂抹工具"柔化笔触，丰富画面的颜色。然后用较小的扁头硬笔刷来绘制山脚下的碎石和细小溪流的细节。清理掉画面中拥堵溪流的水晶石，并绘制出近景细流中的倒影以及水中植物等细节。

步骤八，如图7-74所示，进一步清理天空，让其颜色更干净透亮，白净的天空与厚重的山石形成明暗对比与质感对比，使得画面干净利落。

步骤九，如图7-75所示，开始进一步刻画近景中山石以及水晶石的细节。这一步笔者将一张岩石的素材贴附于画面中，并进行融合处理，以月光作为顶光源来绘制山石的明暗关系。

步骤十，收尾阶段用小水晶来点缀画面的暗调子，晶莹剔透的亮点闪烁照耀着整个蓝色的月亮谷，画面中心偏下的位置是整个画面的焦点。山脚下散发出的蔚蓝色幽光给画面带来了神秘气氛。如图7-76所示，这样整个场景修改完毕了。

图7-71_调整画面色彩以及远山的明度

图7-72_进一步刻画天空中云的细节并添加远山的层次

图7-73_深入刻画画面细节

图7-74_进一步清理天空，使画面干净利落

图7-75_开始进一步刻画近景的山石以及水晶石的细节

图7-76_场景绘制完成图

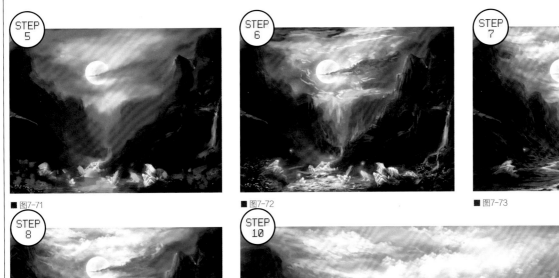

■ 图7-71

■ 图7-72

■ 图7-73

■ 图7-74

■ 图7-75

■ 图7-76

综合案例
动画场景《箴言圣地》

下面这是一张由外包团队绘制，笔者修改的作品，是项目的动画场景之一《箴言圣地》的全景图，如图7-77所示。首先要绘制黑白概念小草图，为的是快速表现想要表达的信息内容，方便开会讨论和交流意见。

步骤一，执行"套索工具>渐变填充工具"命令绘制出山体大致的剪影造型以及云雾效果。设定好画面中的黑白灰层次，确定近景和中景暗部的地方为暗调子，中景受光部位和远景山脉是灰调子，天空与云雾是亮调子，如图7-78所示。

步骤二，在确定基准形以及构图、元素等各方面要求后，便开始着手深入。用喷枪画笔绘制出天空、植物以及较暗的山石，要大面积整体铺排，切勿从细节入手。在商业背景绘制时，需要不断讨论和商议，因此需要我们能够从大处着手，确定整体后再深入细节，这是一个绘制商业插画的整体作画方法，不然会反复修改事倍功半。整个作画思路是整体——局部——整体，如图7-79所示。

图7-77_《箴言圣地》全景图

图7-78_绘制出山体大致的剪影造型和云雾效果

图7-79_在确定基准形、构图以及元素等各方面要求后，便开始深入刻画

■ 图7-77

■ 图7-78

■ 图7-79

步骤三，进一步细化山体细节，刻画植物。注意可以先画云雾，这样云雾遮挡住的地方就可以不用画了，早些明确哪里需要画哪里需要进行模糊柔化处理，这样有利于提高作画的效率。远景可以做模糊柔和处理，远景色调偏灰蓝色。近景则需要进一步明确光影和体积，如图7-80所示。

步骤四，用云雾笔刷出云雾效果，并用"减淡工具"提亮山体的受光面，然后用小的常用画笔绘制出山腰的村落和小树，颜色饱和度可以高一点，确保这里能让观众在第一时间看到。在近景中绘制一株劲松，使整个画面充满国画般的山水气质，如图7-81所示。

步骤五，作为动画背景，整个画面需要明快活泼，这里采用肌理画笔来绘制山体受光面的暖黄色光晕。注意暗部要保持冷灰色调，不要绘制光晕，这样可以使山的明暗对比更立体，远景山的明暗对比弱，中间山的对比强，近景山则会形成深色的剪影，如图7-82所示。

步骤六，绘制出在山腰飞翔的小鸟，并对中景山的造型进行细节处理，如图7-83所示。

步骤七，将中景的主体山进一步进行细化，使细节更丰富，如图7-84所示。

如图7-85所示，用"套索工具"框选住山体纹理，并用特定的肌理笔刷来绘制。先从大块山石纹理绘制再到小块纹理。用同样的方法绘制出其他的山体。

■ 图7-80

■ 图7-81

■ 图7-82

■ 图7-83

■ 图7-84

■ 图7-85

步骤八, 运用笔刷来绘制山体和植被肌理, 如图7-86所示。

用如图7-87~图7-89的笔刷可以绘制出山体植物的肌理效果。

图7-86_利用笔刷完善
山体和植被肌理

图7-87_用到的画笔工具

图7-88_图为绘制云雾的
笔刷和绘制植物笔刷

图7-89_为常用的肌理笔
刷, 用时需要把笔刷调大
轻轻涂抹覆盖, 锐化一下
能够得到意想不到的细致
纹理

■ 图7-86

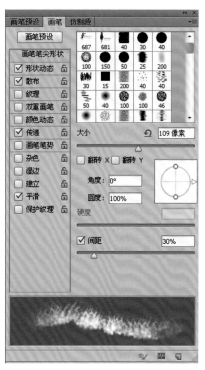

■ 图7-87

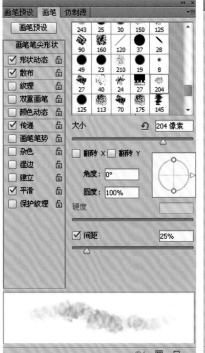

■ 图7-88

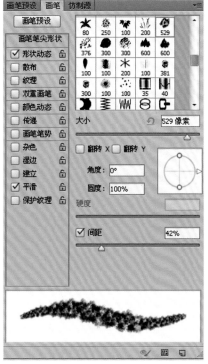

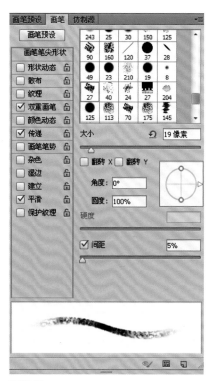

■ 图7-89

步骤九，降低这幅画的自然饱和度，使其颜色看上去更舒服自然。同时降低山的亮度，刻画山体细节，增添云雾，如图7-90所示。

步骤十，利用色彩平衡工具调整色调，使画面整体偏暖绿色调，更自然舒服，如图7-91所示。

步骤十一，将远景山的暗部提亮一些，对比加强中景山腰村落的草地，然后绘制出近景的草地和树，如图7-92所示。

图7-90_降低画面自然饱和度，让其颜色看上去更为舒服自然

图7-91_利用色彩平衡工具调整色调

图7-92_调整后的画面

CHAPTER 8
人物表现技法

本章主要讲解人物插画的绘画技法，从人体动态训练到线稿绘制，从五官肖像到人物商业插画，全方面教授人物绘画技法，让读者了解并掌握人物插画各个方面的绘画技巧和经验。

本章概述

从人体结构开始训练人物绘画，能够概括绘制出大体的人物姿势，掌握人物速写绘画技法。通过临摹和默写的训练方式来学习人物绘画，并且有重点地训练人物肖像，从五官开始学起。通过本章的学习希望大家能掌握人物绘画的技能。

本章重点

人体动态和人物五官是人物插画的重要内容。进行有目的的训练，定能绘制出令人满意的人物插画作品。

8.1 动态人体绘画

人体训练是概念设计课程训练的重点内容之一，可以提高学生对形体的理解和把握能力，图8-1为学生的课堂习作，用灰色的笔勾勒出第一遍草图，错误的地方不用橡皮擦掉，而是新建图层用其他颜色的笔再找一遍型，绘制出肌肉的体积结构线来，说明人物体积转折关系和透视关系。用特殊颜色画笔勾画出人物网格结构线，辅助理解形体转折。

从图8-2到图8-5，为笔者在课堂上为学生示范的绘画步骤。先确定上下左右的位置点，绘制出人体脊柱的运动方向和头、肩部、胸腔、盆骨的转动方向。然后用大直线连接外轮廓点，并逐渐将直线细化为曲线，直至完成。

图8-1_为学生的课堂人体训练习作

图8-2_先确定位置点

图8-3_绘制头、肩、胸、胯以及脊柱的动势线

图8-4_连接外轮廓

图8-5_进一步细化轮廓和结构

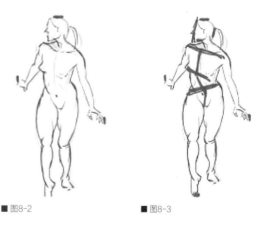

■ 图8-2   ■ 图8-3

■ 图8-1

■ 图8-4

■ 图8-5

8.2 人物插画

　　绘画人物时要着重抓大形状和大关系，特别需要注意整体关系对人物气质的影响。"绘画是省略的艺术"，要想做到简洁明快地概括形体，还是得看物体本质的形状、并且画出这些形状。除了大刀阔斧地处理一些大块面外，必要细节特征暗示还是需要用绘制的方式加以表现的。比如头发和胡须部分的处理，头发部分要用一些透明笔触的交叉叠加来暗示特征，又要兼顾头发和头部的整体附和感，但是要避免过于拘泥于一笔一笔地机械描绘。图8-6为笔者为某电影绘制的人物造型设计。

　　常见的商业插图多以人物为题材，人物形象的想象和创造空间非常大。首先，塑造的比例是重点，生活中成年人的头身比为1:7或1:7.5，儿童的头身比为1:4左右，而卡通人物常以1:2或1:1的大头形态出现，这样的比例可以充分利用头部面积来再现形象神态。人物的脸部表情是整体的焦点，眼睛的描绘非常重要。其次，运用夸张变形不仅不会给人不自然不舒服的感觉，反而能够让人产生好感，整体形象更明朗，给人印象更深。

　　下面为电影概念设计工会发哥的作品，是为电视剧《雅典娜女神》设计创作的人物造型图。剧组服装设计会根据这一人物造型图来设计服装，所以在服装造型的设计上要符合历史背景以及故事中主角的身份。并且写实绘制能表现出人物内在的气质。图8-7至图8-9，是电视剧《雅典娜女神》女主角琉璃子的概念设计图，琉璃子身份及造型变化多端，但无论是哪款造型，整体都突出一个"媚"字。在这系列人物概念图中，一张琉璃子身着一套红色及地长裙，左边的高开衩完美地展现出她修长白皙的美腿；另一张，琉璃子则化身蒙面女侠，双拳紧握。

　　图8-10为一号男主角纳兰东，表面上是伪满洲国亲王世子，实则却是中共特战队队长。人前，纳兰东性格放荡不羁，轻松游走于上海各方集团势力之间谈笑风生，在美女如云的温柔乡里乐而忘返。暗地里却将一腔热血都倾注在抗日卫国的不懈斗争中。在人物概念图中，纳兰东外表俊朗，一袭欧式宫廷长袍，展现其显赫家世。

　　图8-11为二号男主角欧阳彻，头戴礼帽，身穿皮衣，干练帅气的配搭显示出其个性中的一丝不苟。他右手拿枪，眼睛却警觉地巡视着周遭的情况，而整体冷色调的背景也预示着欧阳彻内心的孤高和腹黑。

图8-6_笔者为某电影绘制的人物造型设计

图8-7_为电视剧《雅典娜女神》设计创作的人物造型图

■ 图8-6

■ 图8-7

■ 图8-8

■ 图8-9

■ 图8-10

■ 图8-11

图8-8_为电视剧《雅典娜
女神》设计创作的人物造
型图

图8-9_为电视剧《雅典娜
女神》设计创作的人物造
型图

图8-10_为电视剧《雅典娜
女神》设计创作的人物造
型图

图8-11_为电视剧《雅典娜
女神》设计创作的人物造
型图

8.2.1 眼睛的画法

画人要画神情,而神情需要由眼神来传达。那么怎样绘制眼神呢?首先需要了解眼球结构以及晶状体的质感,注意细节上的处理如图8-12。

步骤一,如图8-13先绘制出眼睛的大体结构和光影关系,注意眼窝、眼球等凹凸体积关系,这直接影响到眼部的明暗。用喷枪画笔柔和地绘制出明暗关系以及眼睛的大致造型。

步骤二,如图8-14接下来用线稿的方式画出眼睛的结构转折,并绘制出大体的阴影调子,多用肯定的打直线来找型,抓住整体概括和形体转折,切勿拘谨抠画细节。

在绘制时,需要注意的是不要忘了画泪腺。

图8-15是初学者的错误画法:过分强调了眼皮,没有表现出泪腺,眼球包含在眼皮中。

眼皮的厚度表现的是下眼睑的内边缘,经常被忽视。需要注意的是,眼睑不是平的,而是有一定厚度的。可以对着镜子观察自己的眼睛加深印象。

用毛发笔刷(图8-16)来绘制眉毛时要注意眉毛的生长规律,绘制时要顺着眉毛生长方向来运笔,注意虚实疏密以及眼眶结构。

绘制出眉毛,用"套索工具"勾勒出眼睛的暗部结构,并填充深颜色,如图8-17。

■ 图8-12

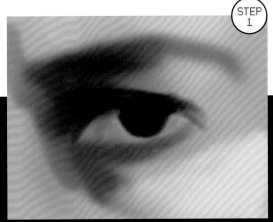

■ 图8-13

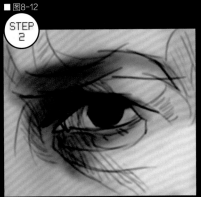

■ 图8-14

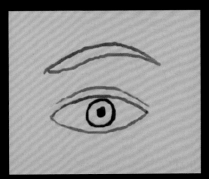

■ 图8-15

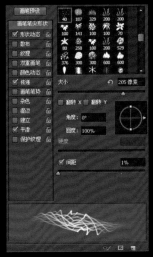

■ 图8-16

■ 图8-17

步骤三，如图8-18加深睫毛的阴影，笔者经常也会把虹膜的边缘和瞳孔部位加深。用"多边形套索工具"勾勒出结晶体的高光造型，然后填充颜色。用原图画笔对眼睛结构进行概括。

用合适的笔刷在标记区域内加些高光，如图8-19，注意黑眼球中虹膜的高光。这里需要注意的是，为了表现眼球的立体感，要进一步绘制出过渡的调子。

步骤四，如图8-20在眼睛中间加一些细节使它更真实，给泪腺处加一些明亮的高光，因为泪腺是时时刻刻保持湿润的。这样眼睛就会显得很有光泽了。用"涂抹工具"涂抹柔化笔触，让调子过渡得更自然。

在眼睛边角处加些细节体现出眼睛的湿润和光泽，锐化虹膜的边缘，使其看起来更像个圆洞。画上睫毛，再给眼睛加些细节，让它看起来有纵深感。最后绘制一些细碎眉毛。如图8-21，这些笔刷可以用来绘制眼睛周围的皮肤纹理，增添皮肤质感。眼睛绘制完成效果如图8-22所示。

图8-18_加深睫毛线的阴影

图8-19_进一步绘制出过渡的调子

图8-20_在眼睛中间加一些细节使它更真实

图8-21_用来绘制眼睛周围的皮肤纹理的笔刷

图8-22_眼睛的刻画完成

STEP 3

■ 图8-18

■ 图8-19

STEP 4

■ 图8-20

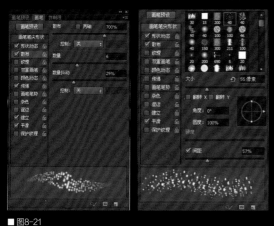

■ 图8-21

■ 图8-22

8.2.2 嘴唇的画法

笔者为学生演示人物绘画时，分析了美少女嘴唇的刻画方法。绘画嘴唇时要注意表现其肤色肌理以及光影质感，如图8-23。下面将详细地讲解嘴唇的刻画方法，通过绘画嘴唇，可以掌握绘制其他五官比如耳朵、鼻子的技法和经验，读者不妨跟着笔者一起练习一下。

步骤一，如图8-24，用剪影大致绘制出嘴唇的外轮廓，并绘制出其明暗关系，受光为顶光。

步骤二，如图8-25，注意上嘴唇和下嘴唇中间的线条，用剪影绘制出嘴内的牙齿。错误的画法容易把边缘线条画得太粗糙，而把上嘴唇和下嘴唇之间的线条画得太平。

步骤三，如图8-26，加一些阴影，用"套索工具"绘制出嘴唇纹理以及高光造型。

步骤四，如图8-27，仔细观察人的嘴会发现很多人的下嘴唇底部都会撅起一点，在撅起的部分多加些高光，并用"涂抹工具"柔化轮廓。

图8-23_嘴唇的最终完成图

图8-24_绘制出嘴唇的外轮廓

图8-25_注意上嘴唇和下嘴唇中间的线条，绘制出嘴内牙齿的阴影。先整体刻画牙齿的暗调子，然后再细画每个牙齿

图8-26_绘制嘴唇纹理以及高光造型

图8-27_加一些高光，让嘴唇更有质感

■ 图8-23

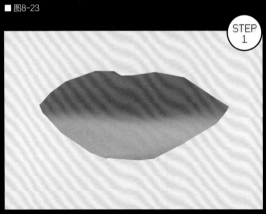

■ 图8-24

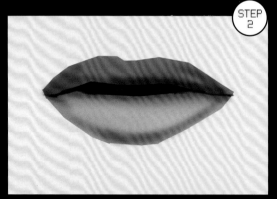

■ 图8-25

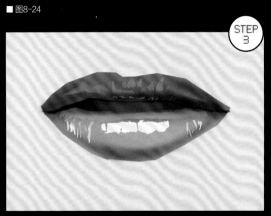

■ 图8-26

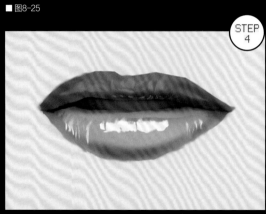

■ 图8-27

步骤五，如图8-28，再加些阴影并增加对比度，在嘴唇的褶皱上体现一些细节，并整体提亮。

步骤六，如图8-29，另外加些高光，体现出嘴唇上竖直的细纹，如图8-30所示。用"套索工具"框选住嘴唇的暗部轮廓，并用纹理笔刷绘制出和皮肤质感相似的效果。如图8-31，是刻画肌肤的肌理笔刷与处理褶皱的笔刷。

步骤七，如图8-32，用画褶皱的画笔进一步细致绘画。

步骤八，如图8-33，用喷枪画笔结合"涂抹工具"，处理僵硬的轮廓，加强虚实的对比。这样性感的嘴唇便完工了。

图8-28_进一步深入刻画

图8-29_体现出嘴唇上竖直的细纹，并另外再加些高光

图8-30_刻画肌肤的肌理笔刷与处理褶皱的笔刷

图8-31_嘴唇的高光、细节以及质感的表现

图8-32_用画褶皱的画笔进一步细致刻画

图8-33_用喷枪画笔结合"涂抹工具"处理僵硬的轮廓，加强虚实对比

■ 图8-28

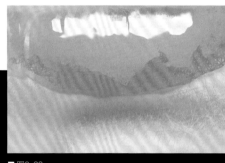

■ 图8-29

■ 图8-30

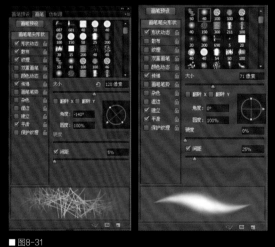

■ 图8-31

■ 图8-32

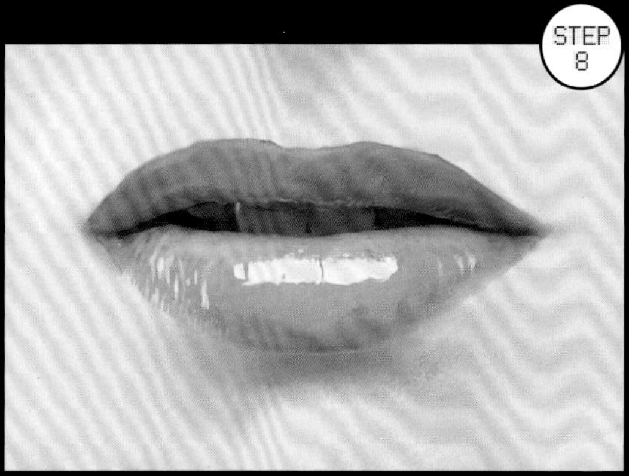

■ 图8-33

画画需要有感而发，画面中渗透着画作者的生活态度、人生价值观和处世观。画品即人品，画风、绘画内容题材、画面中的颜色、画面中的人物精神面貌多少都会和作者的生活有联系。《瞬间》这幅CG数字绘画作品表达了笔者对清纯少女的倾慕之情，也是对处于爱情懵懂时期的人生的记录，作品既结合多年的写实绘画技法又融入了个人的情感。《瞬间》表现的是校园美女的阳光清新与甜美；如图8-34所示。画面中灿烂的阳光透过花枝折射出千万道光芒，温馨柔美的光晕浸透着整个空间，轻轻袅袅，随风舞动的秀发撩人心扉。瞬间定格成一幅美丽的画作，记录了这一次美妙的邂逅。下面就以此数字绘画作品为例讲解萌系少女插画的绘画步骤以及注意事项。

1. 黑白起稿

画人物肖像时，可以画全身像、半身像和头像。笔者这里选择的是头像，为的是表现少女的清纯可爱，选择全

身像会削弱人物的内在精神传达而更关注人物身材和服饰等外在内容，肖像与半身像相比，能更强烈地传达出少女动人的眼神和情感。

步骤一，如图8-35，先用黑白灰的简单线条勾勒出女生的动作以及五官的透视和位置关系。画面中头发色调比较深，其他地方调子则偏浅灰色，用T形线来确定眼睛和鼻子的位置。

步骤二，如图8-36，进一步明确五官造型，先概括地画出眼睛的简单线条和黑眼球，绘制出鼻子底部的暗调子、嘴角的位置以及上下嘴唇的大小和造型，不要急于表现头发的每一根发丝，而是要整体地概括出头发的外轮廓以及头发被风吹起的感觉。当一切朦胧的感觉都出来以后再进一步刻画。起稿阶段注重的是整体造型和人物的感觉。

图8-34_《瞬间》人物肖像插画完成稿
图8-35_起稿草图
图8-36_进一步明确五官造型，开始细化

■ 图8-34

■ 图8-35

■ 图8-36

步骤三，下面是人物五官的具体刻画步骤。笔刷适当调小如图 8-37，起稿阶段确定五官的基本位置和大致的造型。如图 8-38，在草稿基础上新建图层，深入刻画，可以看到具体细节的处理。如图 8-39，用硬度较高的画笔绘制出五官相对具体的细节。随着结构走势运笔，多用"吸管工具"吸取画面中的颜色，概括地塑造脸部结构和过渡调子。图 8-40 在黑白起稿阶段的草图上，基本确定造型构图和光影，接下来就是对细节的进一步刻画。

步骤四，从图 8-41 到图 8-44 是调整与修改的过程。用细笔来绘制眼睛外轮廓造型，注意眼睛是个球体，上下眼皮要按照球体的弧线结构来画，脸蛋需要用笔刷一点

点画，塑造出立体感，丰富明暗调子，头发的前后关系与头发的走势都可以画得相对清晰一些。整个作画的过程注重的是整体效果，切勿花大量时间纠缠局部的细节，不少朋友在起稿阶段就已经开始深入刻画眼睛了，这一点是不可取的。应该不时变换刻画的部位，整个过程如同洗照片，是一点点地清晰起来的。不断深入刻画面部细节，突出眼球的晶状体质感表现，运用"涂抹工具"对头发和面部进行柔和的过渡处理，使脸部体块衔接自然，秀发流畅顺滑。如图 8-45 所示，可以看到在深入刻画时绘制的地方以及笔刷的运用痕迹。

■ 图8-37

■ 图8-38

■ 图8-39

■ 图8-40

■ 图8-41

■ 图8-42

■ 图8-43

■ 图8-44

■ 图8-45

步骤五，利用Photoshop软件自带笔刷继续用黑白调子来刻画画面。如图8-46，刻画出眼睛的上眼睑、鼻梁骨两侧以及颧骨和下巴的体积结构，要注意这些面部骨点关系。眼睛可以点上高光，头发的细节也可以逐渐深入下去。如图8-47，对面部进行锐化处理，让五官更精致。

2. 上色和深入

如图8-48，为黑白画稿上色。在基本的素描造型和黑白灰光影都确定后就可以将Photoshop软件直接转换成彩色，然后继续用色彩来进一步塑造和刻画人物了。从

黑白转换成彩色并不难，接下来会详细讲解。色彩的好坏大部分取决于素描造型，所以笔者建议基础弱的朋友一定先把素描造型画好再来上色，素描造型做好了会取得事半功倍的效果。

步骤一，如图8-49是用Photoshop快速上色后的效果，虽然在色彩冷暖和丰富性上还没有完善，但是已经基本调出了想要的颜色。如图8-50，将"图层混合模式"设置为"颜色"，给图片上色，这样不会破坏原图的黑白灰色调，是一个既省力又省时的好方法，能轻松绘制出你想要的颜色。

图8-46_整体画面效果，对颧骨、下巴和头发等地方进行深入的调整

图8-47_对面部进行锐化处理，使五官更精致

图8-48_用Photoshop软件快速上色后的效果

图8-49_用Photoshop软件快速上色后的效果，已经基本调出了想要的颜色

图8-50_将"图层混合模式"设置为"颜色"给图片上色

■ 图8-46

■ 图8-47

■ 图8-48

■ 图8-49

■ 图8-50

步骤二，如图8-51，画到这一步可以稍作休息，调节一下眼睛以防审美疲劳。可以将画面水平翻转到另一个角度观察，挑出不满意的地方。

步骤三，如图8-52，现在画面的笔触凌乱，颜色生硬，五官造型还不明确，这些方面都需要进行深入修改。接下来用"涂抹工具"来使皮肤生硬的感觉过渡得更为柔和，使皮肤更加细嫩柔滑。执行"滤镜>锐化"命令锐化五官部分，执行"滤镜>模糊>高斯模糊"命令模糊背景，加强虚实对比，使人物五官更为突出。如图8-53，用"涂抹工具"涂抹人物面部，使面部看起来完成度高一些。

步骤四，继续深入刻画，此阶段需要耐得住寂寞并有一颗恒心，坚持画下去千万不可半途而废，如图8-54所示。

步骤五，为了能够深入刻画下去，可以边听音乐边绘制，提高一下绘画激情。如图8-55，在面部皮肤上再一次进行涂抹过渡处理，并用较细的画笔来顺着头发方向画出细细的发丝，深入刻画眼角、黑眼球轮廓、鼻翼和嘴唇的受光面可以查看深入刻画的内容，如图8-56所示。图8-57是深入处理后的效果，既保留了笔者想要的唯美清纯感觉又绘制出了写实的风格。

图8-51_整体观察一下，现阶段要多思考少动笔
图8-52_柔和皮肤细腻质感，并锐化细节，模糊背景
图8-53_用涂抹工具涂抹面部，使得面部看起来完成度高一些
图8-54_到了这一阶段，大的色彩和素描关系都基本确立了，开始深入刻画
图8-55_现阶段五官局部
图8-56_深入过程中所画的内容，在这一图层上可以展现出来
图8-57_通过磨皮、五官的细化、发丝的刻画以及环境衣服的处理，让画面完成度高一些，接下来还需要进一步对画面进行处理和表现

■ 图8-51

■ 图8-52

■ 图8-53

■ 图8-54

■ 图8-55

■ 图8-56

■ 图8-57

步骤六, 如图8-58, 将五官放大进行锐化, 使其轮廓更鲜明, 完成效果如图8-59所示。

图8-58_五官放大并进行
锐化, 让轮廓更为鲜明
图8-59_深入刻画后的画
面看起来更真实更细腻

■ 图8-58

■ 图8-59

3. 调整色调

接下来开始绘制背景。设定的背景是午后暖暖的花丛，能衬托出少女甜美细腻的气质。模仿日系漫画风格进行色彩处理，效果如图8-60。

步骤一，需要调整人物的色彩和明暗调子使其与背景画面融合在一起，可以把人物调节亮一点同时色调调暖一些，如图8-61所示。如图8-62 和图8-63，在两个调整图层上分别创建剪贴蒙版，运用"色彩平衡工具"和"曲线工具"进行调整。

■ 图8-60

■ 图8-61

■ 图8-62

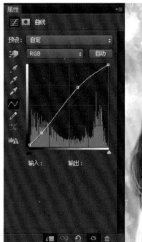

■ 图8-63

图8-60_效仿日系风格，背景运用柔美的光影和暖暖的色彩，将人物放在背景上看一下效果

图8-61_人物和背景合成在一起，观察一下整体的画面效果，然后进行修改

图8-62_运用"色彩平衡工具"来调节人物的色彩

图8-63_运用"曲线工具"来调节人物的明暗

步骤二，如图8-64，针对人物图层单独调整色彩和明暗，使人物色调与背景画面融为一体。光影统一，色彩和谐。

步骤三，如图8-65~图8-67所示，进一步调整人物和背景，将人物整个融入午后暖暖的阳光中，更有梦幻

感。注意要不断尝试调整，多比较前后的画面。

步骤四，为了得到更舒服合适更漂亮的色调，笔者尝试用"曲线工具"的RGB滑块反复调整出以下几种颜色调子，如图8-68，将这些调整的图并排放在一起，筛选出最喜欢的一张。

■ 图8-64

■ 图8-65

■ 图8-66

■ 图8-67

■ 图8-68

图8-64_调整人物图层的色彩和明暗，使其与背景画面融为一体

图8-65_进一步统一调整人物和背景使画面更有梦幻感

图8-66_不断地尝试调整，前后的画面要多进行比较

图8-67_为花瓣加入较强烈的红光

图8-68_尝试用"曲线工具"的RGB滑块反复调整出以下几种颜色调子

笔者选择的是最后一张的效果, 选择这张是因为个人喜好这种唯美梦幻的感觉, 颜色既不古怪又与众不同, 脱俗淡雅, 如图8-69 。

如图8-70, 这是整个处理画面的图层, 运用大的喷枪笔刷丰富和调整色彩, 填充粉紫色、红色并结合合适的"图层混合模式"。可以将"图层混合模式"设置为"柔光""颜色"等, 完成效果如图8-71所示。

图8-69_最终选择的效果图

图8-70_将"图层混合模式"设为"柔光"或"颜色"

图8-71_人物与背景结合完成的画面效果图

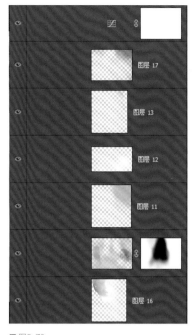

■ 图8-69

■ 图8-70

■ 图8-71

4.头发的深入绘制

选定好色调后,开始着手绘制细节,如图8-72和图8-73,可以看到头发的刻画效果,整个画面是暖色调的,背景是草绿色、人物是紫红调子的,为了突出人物的立体感,需要用偏冷色调子来突出某些重要的部位,笔者用蔚蓝色来给头发、眼睛等地方上色,使其在暖色调子中更突出夺目。

步骤一,图8-74,为未刻画的头发。

步骤二,如图8-75,加入冷色调,深入刻画发丝细节,确定头发亮部,用冷色调子绘制出头发的受光面和高光面,注意画笔要调小,顺着发丝仔细勾勒。

步骤三,图8-76,用深蓝色压暗头发明暗交界线,饱和度要调高一点。这样会加强整个头发的明暗对比。

步骤四,如图8-77,勾勒出随风飘舞的发丝,用笔要自然放松,一气呵成切不可犹豫。

步骤五,如图8-78,在勾勒发丝时,要注意每根发丝的流畅性,不要断画或反复画,尽可能一笔画到位,画错了的话按"Ctrl+Z"组合键撤销,然后重新画。

步骤六,如图8-79,绘制发丝的时候要注意发丝的深浅、曲线和粗细变化等,发梢也要尽可能地一根根勾画出来。刘海儿是需要重点刻画的部位,其他部位的头发可以进行模糊或概括处理。

步骤七,如图8-80,冷色调的蔚蓝色高光着实给画面添色不少,整个画面冷暖色的对比还需要进一步加强,比如眼角部位,现在的眼睛、鼻子和嘴都不够突出和悦目,需要进一步刻画,下一节将深入讲解眼睛部位的刻画。

图8-72_没上冷色调前的头发效果

图8-73_上色后头发效果

图8-74_未刻画过的头发原图

图8-75_加入冷色调,深入刻画发丝细节

图8-76_压暗头发明暗交界部位,用深蓝色轻轻覆盖,饱和度要高一点

图8-77_开始勾勒少许随风飘舞的发丝,用笔自然放松,一气呵成

图8-78_勾勒发丝时要注意每根发丝的流畅性,不要断画或反复画

图8-79_绘制发丝的时候要注意发丝的深浅、曲线和粗细变化等

图8-80_头发深入绘制

■ 图8-72

■ 图8-73

STEP 1

■ 图8-74

STEP 2

■ 图8-75

STEP 3

■ 图8-76

STEP 4

■ 图8-77

STEP 5

■ 图8-78

STEP 6

■ 图8-79

STEP 7

■ 图8-80

5.眼睛的深入绘制

用冷紫色来绘制黑眼球,使高光更加明亮鲜明,用"铅笔工具"绘制细小的眼睛的高光,让眼睛水灵闪亮。

步骤一,如图8-81所示,用不透明度为80%的笔刷绘制上下眼睑,绘画时要参考眼睛的结构。深入刻画时,需要不时缩小画面观察眼球与整体脸部甚至整个画面的暖色调子是否和谐,遇到眼睛太蓝了或是高光点过多等问

题,可以及时调整。

步骤二,如图8-82,深入刻画另一只眼睛,方法是一样的,并比较两只眼球的大小、明确透视关系、明暗以及颜色,确保两只眼睛的对称和协调。

步骤三,继续对眼睛进行深入刻画。图8-83,为眼睛的基础型,用基本的颜色调子和简单的线条勾勒的轮廓,看起来朦胧无神,现在需要运用色彩的冷暖以及高光质感来提高眼睛的精致程度,使眼睛更突出。

步骤四,如图8-84,执行"滤镜>锐化"使命,将眼睛锐化,然后用深蓝色开始绘制眼睛中的细小纹理,并用"铅笔工具"点上高光点。用"涂抹工具"涂亮黑眼球的反光点,使得反光更柔和。如图8-85,可以很明显地看到这一步笔者是怎么刻画的。刻画眼睛的同时不要忘了整体处理眼睛周围的眼轮匝肌、眉毛以及发丝。

图8-81_用冷紫色来绘制黑眼球,让结晶体的眼球高光更加明亮鲜明

图8-82_用相同方法深入刻画另一只眼睛

图8-83_基础型眼睛暗淡无光

图8-84_执行"滤镜>锐化"命令,简单地将眼睛锐化

图8-85_此图层便是深入刻画眼睛所画的

STEP 1

■ 图8-81

STEP 2

■ 图8-82

STEP 3

■ 图8-83

STEP 4

■ 图8-84

■ 图8-85

步骤五，进一步绘制眼睛的细节，如图8-86所示，用"减淡工具"提亮眼球的纹理。涂一笔淡淡的蓝色使眼睛更为晶莹剔透。如图8-87，为了更细致地刻画出白眼球水润的质感，笔者用了"铅笔工具"。眼睫毛是柔软细致的，建议用硬笔刷刻画完后用"涂抹工具"对其进行柔和处理，使得眼睫毛凸起的部分更清晰，翘起的睫毛要用柔软的线条进行模糊处理。

步骤六，用同样的方法继续刻画另一只眼睛，并注意左右眼睛在色彩和光影方向上的一致性。图8-88为未绘制前的基本造型。在刻画时要记住，虽然眼睛是需要格外突出的部位，但是不能画得僵硬死板，要注意虚实的处

理。在眼球凸起的地方明暗对比强烈，线条要清晰明确，眼球两侧凹陷的地方则需要进行柔和模糊处理。

步骤七，如图8-89，在处理眼角以及细小的细节时，要想刻画得真实，颜色准确是首要任务。即使小细节没有过多深入刻画，但只要颜色真实，在缩小画面后也能达到较为完整真实的效果。因此在刻画眼睑、眼角、眼尾等地方时需要注意颜色的真实准确，并用细小的"铅笔工具"提亮高光。

步骤八，如图8-90，可以用肌理笔刷绘制出眼睛周围的皮肤汗毛孔，在眼角位置提亮，使得眼睛造型更清晰明亮。图8-91为眼睛的特写画面。

■ 图8-86

■ 图8-87

■ 图8-88

■ 图8-89

■ 图8-90

■ 图8-91

6. 嘴唇的深入绘制

下面将讲解嘴唇的深入刻画步骤，注意上下嘴唇丰满的体积感、高光纹理的质感、较深的嘴角以及需要柔和处理的嘴唇外轮廓。

步骤一，如图8-92，这一步是嘴唇的基本造型，没有丰富的光泽质感，明暗关系和造型都很模糊，需要进一步塑造。

步骤二，如图8-93，先将体积感塑造出来，找到明暗交界线、暗部、转折面、受光面以及高光点。颜色要真实，笔触要细腻。

步骤三，如图8-94，用湿边笔刷来丰富颜色。受光面要偏暖黄色，交界线处要偏暗紫色，暗部反光则要偏粉红色，尽可能丰富不同面的颜色，同时确保颜色是有冷暖变化的同一色系的色彩。

步骤四，如图8-95，刻画嘴唇受光部分的高光颜色和质感。高光处嘴唇的纹理清晰可见，而转折处的纹理则是柔和模糊的。这里笔者用"套索工具"勾勒出变化丰富的选区造型，然后填充浅紫色，将其与暗部衔接的地方用"涂抹工具"涂抹柔和，这样清晰精致的嘴唇纹理就出来了，亮部与暗部融合自然。

步骤五，如图8-96，新建图层开始刻画嘴唇前面被风吹拂的发丝。绘制时要注意运笔的轻重和粗细，刻画的时候注意笔触不要断。

步骤六，图8-97为嘴唇的具体细节展示以及发丝处理。

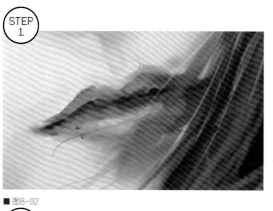

■ 图8-92

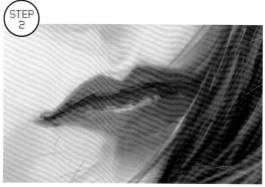

■ 图8-93

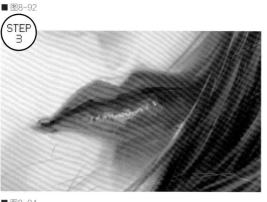

■ 图8-94

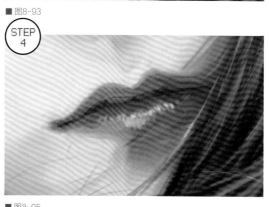

■ 图8-95

■ 图8-96

■ 图8-97

7. 深入绘制其他部位

其他细节如鼻子和面部皮肤、耳朵等地方的刻画方法大致相同，刻画衔接丰富的调子后用"涂抹工具"绘制出细腻柔和无笔触感的效果。刻画鼻子时要注意鼻骨是一块结构较硬的骨头，在刻画上，结构要明显一些，在鼻头、鼻翼和鼻底部都是软肉，可以用喷枪笔刷来绘制，光影过渡自然柔和，笔触较少，也可以先方后圆，先用硬度高的笔刷绘制塑形再用"涂抹工具"柔和过渡，如图8-98所示。

如图8-99，发丝的刻画道理是一样的，可以利用粉红、褐色、蓝紫色等梦幻的颜色来绘制出层次丰富的、轻舞飞扬的动感秀发。

如图8-100，为了让少女更加美丽动人，人物与背景能够很好地呼应，笔者给少女加入了头饰，一朵粉紫色娇嫩的花儿配合着背景的色调来装饰头发。头饰的花瓣刻画不需过分细致，朦胧柔美即可，注意柔光效果的应用和表达，使人物更柔美，画面更温馨。一缕缕光束穿透烂漫的花枝，一丝丝发梢轻盈灵动，甚是柔美。

如图8-101，人物肩部与头发的处理，注意肩部骨点位置以及衣服褶皱的处理。衣服是通过人体肌肉关节挤压变形而产生褶皱的，褶皱有疏密虚实之分，在人体肌肉转折的地方会有较为密集的褶皱，而骨点和骨骼支持的地方衣服则是绷紧的，很少有褶皱出现。利用"涂抹工具"对发梢、衣袖与背景进行模糊处理，虚化轮廓，使画面飘逸朦胧。

图8-98_鼻子的细节刻画
图8-99_发丝的刻画
图8-100_给少女加入头饰
图8-101_人物肩部与头发的处理

■ 图8-98

■ 图8-99

■ 图8-100

■ 图8-101

8. 背景的绘制

先运用各种肌理笔刷，轻松随意地涂抹出大致的花与叶。背景主要起衬托作用，后期会进行模糊处理，所以在背景上不必过分纠结，如图8-102所示。

步骤一，如图8-103，利用同色系色彩和大笔刷来绘制背景，注重意境的表达和情感的渲染。

步骤二，如图8-104，运用更柔美的色调增加画面感染力。运用"减淡工具"选择高光范围，对高光区域进行涂抹，使阳光更强烈。

图8-102_背景的绘制，运用各种机理笔刷，轻松随意地涂抹出朦胧柔美的花瓣背景

图8-103_同色系的丰富颜色变化，以及豪放泼辣的大笔刷，可以毫无顾忌地挥洒

图8-104_运用柔美的色调更有感染力

■ 图8-102

■ 图8-103

■ 图8-104

9. 最后调整

再来看一下整个深入和收尾阶段的前后比较，学习笔者绘制人物插画时对五官的刻画方法。图8-105为深入刻画前的图，如图8-106为刻画完成后的画面，图8-107为五官局部细节。

步骤一，如图8-108，锐化了五官，使双眸更清澈。

步骤二，收尾时，将背景清晰可见的随意笔触进行高斯模糊处理，让背景推得更远，使温馨的光束更加充盈，如图8-109和图8-110。

步骤三，如图 8-111，锐化近景发丝，模糊暗部细节。

步骤四，图8-112为五官锐化后的效果。

步骤五，少女插画完成，如图8-113。通过演示，希望大家能试着去感受形状对最后绘画效果的影响。体积、厚度等都和形状有关。抛开"眼睛""鼻子""嘴巴"概念化名词的暗示，去仔细观察那些熟悉而陌生的形态。画形状，更要画形状之间的关系，这是一个门槛，跨过了，画画水平就会提高一个层次。

图8-105_深入刻画之前的画面

图8-106_深入刻画之后的完成图

图8-107_五官的局部细节图

图8-108_锐化五官后，双眸更清澈

■ 图8-105

■ 图8-106

■ 图8-107

■ 图8-108

STEP 1

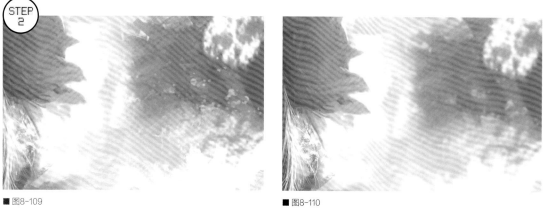

■ 图8-109

■ 图8-111

■ 图8-112

■ 图8-113

CHAPTER 9
道具设计技法

本章讲解道具目前在国内的影视动画设计制作中是非常容易被忽略的部分，但道具又在影视动画作品中有着举足轻重的作用。本章将深入讲解道具设计方法，并延伸到产品设计、工业设计等领域。旨在帮助读者掌握道具设计的原理和方法，并能借鉴和效仿这些设计，创作出自己的作品。

本章概述

深入讲解道具设计在影视动画中的作用，以及道具设计理念和设计方法，并对优秀的设计进行分析演示。

本章重点

了解道具设计在影视动画中的作用，学会道具设计理念和设计方法。

9.1　道具设计分析

　　道具在影视中分为两类——陈设道具和戏用道具。所谓陈设道具，指的是场景中陈列、摆设的物件，例如窗帘、盆栽、墙面装饰画等；而戏用道具则指的是表演者表演时所使用的物件，例如眼镜、背包、花束等。陈设道具在目前国内的影视动画设计制作中是非常容易被忽略的部分，却又在影视动画起着非常重要的作用。

　　场景中道具的作用有以下几个方面。

　　一是交代人物身份。如主角身上佩戴贯穿故事线索的道具，都是非常重要的。

　　二是塑造心理空间。和主角的身世感或者目标任务有关的道具，能够传达出人物情感。如手中紧握着爱人的照片，这照片便传达了人物心里情绪，交代了人物身世。

　　三是刻画人物性格。人物的服装以及佩戴的饰品都能有效地塑造人物性格。如《蝙蝠侠前传3黑暗骑士崛起》中的小丑身带无数把水果刀，从侧面说明了小丑的变态的性格。

　　四是烘托人物情绪，也可以叫作借物抒情。比如飘扬在战场上的红旗，可以烘托出战士们斗志的昂扬。

　　在设计上首先要考虑的是道具的功能性。如图9-1，设计一个盾牌，盾牌主要用于防御，其尺寸大小必须要能盖住战士重要部位，其弧线形凸起的外形要能够抵御重压，分散缓解冲击。

　　其次要考虑道具的结构比例。此盾牌的结构为单体结构，笔者运用九宫格构图方法以及黄金比例来分析盾牌。图9-1，盾牌上的图案是根据左右对称和黄金分割的方式来设计和布局的。

　　质感和颜色也是道具设计的要素之一。画面中金银镶嵌，以及红蓝颜色，都象征着盾牌的使用者的职位身份以及他所从属国家。

| 图9-1_盾牌的设计

■ 图9-1

图9-2为学生的模仿设计作业。这位学生采用九宫格以及黄金分割的方式分析了道具的大致比例和结构关系。左边为原设计图,右边为学生的设计图。原道具为上中下结构,长宽比例成竖条形,由下至上逐渐增大,并向左右扩散,形成"V"字形。中间的骷髅为黄金分割点的核心。学生按照原设计的长宽比例进行模仿创作,设计出右边的道具。造型优雅美观,比例结构丰富合理,成功完成了设计作业。

道具设计需要提交多种设计方案,图9-3和图9-4为电影《异星战场》中外星人使用的武器设计,利用简单的剪影方式设计出多种不同的外形方案。通常先绘制一个基本原形,然后根据这个原形,对局部造型进行变形设计,如图9-4,在改变这些造型的时候要考虑其功能和作用。

图9-2_左边为原设计图,右边为学生仿照的设计图
图9-3_电影《异星战场》中外星人使用的武器的设计方案
图9-4_电影《异星战场》中外星人使用的武器设计方案

■ 图9-2

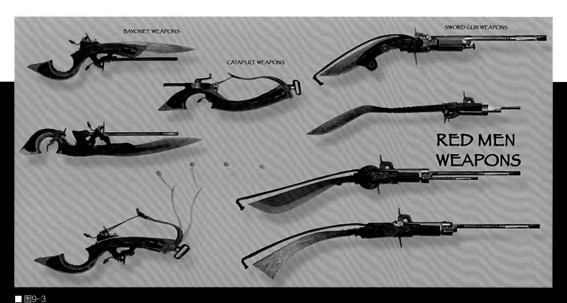

■ 图9-3

■ 图9-4

9.2 道具设计实例演示

在娱乐设计领域，动画、影视和游戏中都需要大量的道具设计，其中游戏道具设计最为常见。好的游戏道具可以提升游戏的美感、强化渲染人物角色，它能够使人物角色的渲染效果更加饱满。恰当地为游戏中的人物角色添加装备饰品，更能为人物角色增加附加值，提升整个人物角色的艺术水平。笔者这次设计的道具主要是人物的兵器，最终的目的就是使其与人物角色有一个完美的结合。

在网络游戏中，不同等级的兵器设计最为常见，要根据人物、怪兽的具体形象量身定做兵器。兵器要与人物性别、特点、功能、身高、比例头饰等特点相吻合。道具颜色要与人物、怪兽颜色相协调。

下面是笔者在2008年参与的大型网络游戏的兵器设计。从图9-5~图9-12，依次为50、60、70级的兵器。不同级别的兵器，在造型、材质、颜色和特效上都有不同程度的变化，随着等级的升高，兵器的在外观上也越来越华丽。

图9-5_兵器设计方案。整体以金色、褐色和墨绿色为主，造型相对较为敦厚

图9-6_兵器设计方案。整体以朱红、金色为主，纹样较为华丽

图9-7_兵器设计方案。整体以蓝色、红色、金色为主，加入蓝宝石元素强调 整体魔法功能

■ 图9-5

■ 图9-6

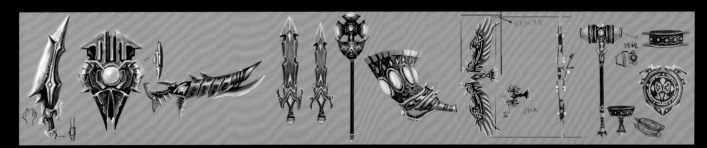

■ 图9-7

■ 图9-8

■ 图9-9

图9-8_传统古装题材网游的兵器设计，多采用中国传统纹样和图案，在颜色上统一为金色和墨绿色

图9-9_传统古装题材网游的兵器设计

图9-10 _在整个50级兵器设计中，在质感、颜色以及花纹方面尽量保持统一

图9-11_在70级兵器的设计时，笔者为这一套兵器想到一个设计点——蓝宝石。这种大大小小的蓝宝石贯穿于整套兵器中

图9-12 _ 70级兵器的设计，设计风格统一

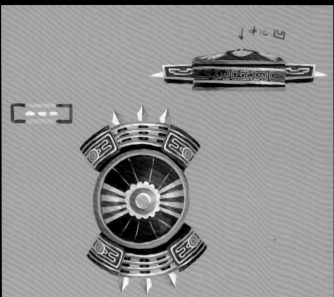

■ 图9-10

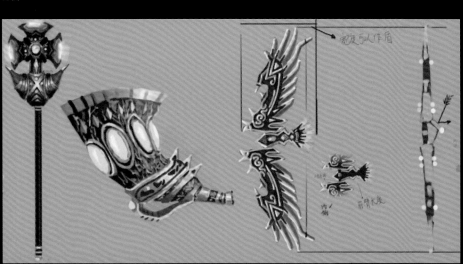

■ 图9-11

■ 图9-12

图9-13为笔者的作画步骤, 先用线条勾勒造型和结构, 然后填充上色。在游戏原画设计中, 兵器的设计更注重外轮廓剪影, 因为游戏画面较小, 看到的多数是兵器的外形轮廓剪影, 故而内在的结构设计是次要的。在游戏中兵器的颜色设计也是很重要的。不同颜色象征着不同的级别。从中可以看到在设计兵器时可以采用线稿设计, 大致的造型完成后再进行上色、处理明暗关系、刻画细节结构以及材质。

下面笔者为大家演示科幻兵器的设计。

步骤一, 如图9-14, 尽量选用黑色剪影的形式设计草图, 可以设计多个不同的剪影造型方案以供选择。根据枪的长宽比例以及左右结构来改变造型, 运用平面构成中点线面结合的方法来设计侧视图, 设计时要注意外轮廓的凹凸节奏变化。

步骤二, 如图9-15, 根据列出的设计方案, 筛选出三个草图进行进一步的细化设计。绘制出立体凹凸的光影结构。

步骤三, 如图9-16, 运用Photoshop软件中的"色彩平衡"和"颜色"图层混合模式上色, 绘制出材质的高光及其相应的颜色。

■ 图9-13

■ 图9-14

■ 图9-15

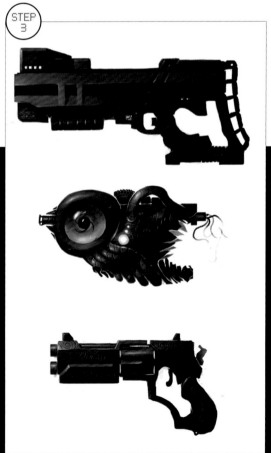

■ 图9-16

9.3 道具设计分析

在做任何原创设计作品之前都需要分析素材资料和前人的优秀设计作品，进行合理的借鉴。学会学习和分析优秀的设计作品，才能设计出自己的方案，因此本文主要展示学生的分析设计作品，以供读者参考，读者可按照此分析方式来学习并设计出有自己特色的优秀作品。

图9-17是学生对战锤的设计进行的分析，并推导出了右图的设计方案，无论从造型比例还是图案设计方面看都非常优秀。

图9-18为学生对战锤的兵器进行的横向纵向分析。先从枪的结构开始分析。从结构上，枪大致分为三部分，枪管、枪机和握把，是左中右结构的设计。学生对枪进行了科学的比例分析。枪管的长度与总长度比大致是接近1:2，枪管口的装饰长度与整个枪管的长度比是1:2。枪机是一套机械机构，负责推弹入膛、退壳、抛壳等，当然，还包括扳机、保险等击发机构。这里横向观察一下道具比

例，左边环形结构和右边的比是1:2。对整体进行横向的详细分析比较后，我们还需要进行纵向分析比较，比如握把的倾斜度数，以及握把的高度和枪的高度比较等。会发现许多比例都存在着1:2的关系，与黄金分割比关系接近。所以我们做设计时，多运用黄金分割比会使我们的设计更美观。

图9-19是学生分析和设计的兵器。左图为分析《战锤》游戏中的兵器，根据其兵器的剪影造型以及比例安排，进行效仿并做出右图自己的设计方案。

如图9-20，学生根据原设计图进行变形翻新，从剪影外轮廓推导出新的设计方案，这便是设计的过程，没有什么设计是不需要参考和借鉴的。抓住别人好的设计比例和剪影造型，进行深入分析和消化，并转化为自己的东西，就可以设计出合理有趣的新方案。

图9-17_学生对战锤的设计进行分析

图9-18_学生对战锤的兵器进行横向纵向的分析

图9-19_分析效仿优秀的设计作品，设计出自己的方案

图9-20_学生根据原设计图进行变形翻新，设计出有趣的造型

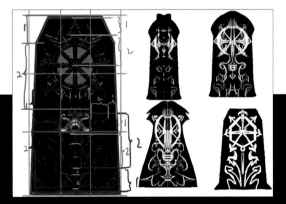

■ 图9-17

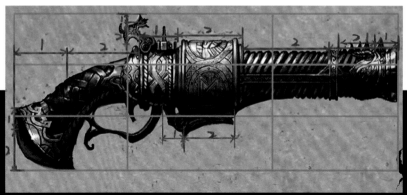

■ 图9-18

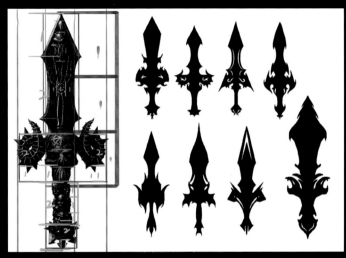

■ 图9-19

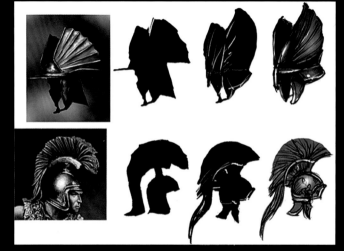

■ 图9-20

图9-21为学生中的设计牛人作品，展示了他强大的设计和想象能力。通过不同素材剪影造型的拼接组合，保持长宽比例和上下结构，进行合理的变换得到新的剪影造型，并将这一造型作为模板，复制出数个剪影，在每个剪影上进行个别设计。学生能够很好地驾驭平面构成原理，点、线、面的设计富有变化，但没有破坏外轮廓的大比例关系，设计出了同系列的多个道具。

图9-22为学生运用加法，在原图剪影上进行的仿生设计，最终绘制出光影结构完整的设计效果图。

如图9-23，学生根据原设计图来提取剪影造型，并将原图的左右结构改良为左中右结构，设计得更为复杂。

图9-21_利用实物的照片提取剪影，自由变形设计出多个不同的方案

图9-22_模仿昆虫设计，是一种仿生设计方法

图9-23_学生根据原设计图来提取剪影造型，设计出立体道具

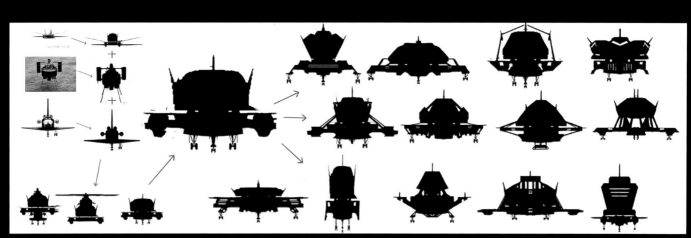

■ 图9-21

■ 图9-22

■ 图9-23

CHAPTER 10
影视游戏概念设计

本章讲解在游戏影视创作中，概念设计师发挥着不可替代的作用。本章将具体讲解概念设计在游戏、影视行业的作用以及概念设计职业在游戏影视行业的规划和发展。本章还将讲解游戏原画和电影概念设计的行业经验和绘画技巧。

本章概述

主要从游戏原画和电影概念设计两方面来阐述游戏原画的工作流程、设计原理和行业经验，还介绍了电影概念设计行业、实际案例分析和影视后期MP的经验和知识。

本章重点

了解游戏原画和影视概念设计行业，掌握其行业工作流程和设计方法，并能够鉴赏和分析概念设计作品，并加以借鉴，进行自己的创作。

10.1 游戏原画

游戏行业已经日益成为都市生活中必不可少的娱乐产业。游戏原画最吸引人的地方在于绘画者可以在游戏中创作自己想象的世界。

游戏原画是游戏美术设计中至关重要的环节，游戏概念美术师在游戏美术制作过程中起着承上启下的作用。图10-1为游戏场景原画，游戏原画师设计出此类原画设定给3D制作人员看，3D制作人员会以此为依据制作3D模型。游戏原画担负了将游戏策划抽象的文字描述设计成具象可视的人物和场景图像，为大家搭建起一个具体的视觉框架，迈出游戏图像化的第一步。它统一和指导着其他

美术制作人员，确定设计的方向，明确表现的风格，带动制作的齿轮，贯穿产品的始终。

学习游戏原画需要了解原画设计各个部分的基本流程，解析物体形体结构的本质规律以及设计方法。本书前几章节讲解过设计分析以及原理，这里就不赘述。从事游戏原画绘制，绘画者需要通过大量实际绘画技法掌握角色设计套装原理、怪物设计、游戏场景设计以及其他相关的设计内容和方法，并了解从原画设计到3D建模再到模型渲染以及动作特效的过程。

图10-1_游戏场景原画作品

■ 图10-1

欧美游戏原画分工细，概念原画一般都由大师级的人物担任，没有多年经验和超群的设计能力无法胜任。大多数新人入行需从原画助理开始做起，原画助理可以细分为专业上色、专业服装、专业道具等。图10-2为游戏原画中的专业道具设计，这是游戏《战锤》的原画，其中这样的帐篷造型、木箱子的摆放，都需要原画师精心设计。中国游戏原画的岗位分工目前还没有欧美游戏行业细致。国内游戏原画从业者在游戏公司中负责游戏世界里一切角色、场景、道具造型的设计。游戏原画从业者需要根据游戏策划提出的要求，创造出很酷的角色或物体，并绘制出专业的设计稿提供给三维美术部门。除此之外，游戏原画师也经常会负责一些游戏界面设计、游戏宣传插画绘制、材质

绘制等工作。初入行业的游戏原画师发展的空间非常大，可以凭借自身的实力，得到较快的提升。但符合行业要求的高级原画师并不多，高级游戏原画师需要天赋、经验以及勤奋相结合，虽然大多数经过专业培训的学生可以在短时间内到达行业入门标准，但如果想提升至高级原画师的水准，是需要经过多年行业历练的。

10.1.1 游戏原画的工作流程

游戏原画的工作流程包括策划——概念设计——原画助理——三维建模等。图10-3为国外游戏画面截图，其画面视觉效果都是由游戏美术师来制作完成的。

图10-2_游戏《战锤》场景中的道具设计
图10-3_国外游戏画面截图，画面视觉效果逼真，造型设计富有想象

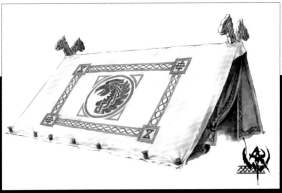

■ 图10-2

■ 图10-3

策划对原画工作的影响非常大，有以下三种情况。

第一种：通常在立案初期，策划只给一个时代背景和大致的世界观要求，让原画师自由设计。优点是原画师被给予极大的发挥空间；缺点是效率低，属于探索性质的设计。

第二种：策划给予明确而细致的需求，具体到角色的每一个细节，原画师的工作是完全按照要求将它画出来并稍作润色。优点是需求明确，效率极高；缺点是原画设计者几乎没有发挥空间。

第三种：策划给的是一篇故事，对角色进行了抽象化的描述，原画师需从中捕捉角色的性格特点以及职业身份。优点是策划给出一个大致的范畴，并用文字启发原画师，原画师可以高效完成创意的工作；缺点是对原画师要求很高，没经验的原画师做不好，项目成本较高。

原画师在创作之前都需要熟读剧本，整理出需要设计的东西，并根据文字描述来进一步确定角色的性格特点以及身世背景等。绘制几份概念设计稿，做一个横向对比，确定角色基本形象；然后根据策划定义的时代背景等因素设计出最合适的着装主题。还要进行结构设计和整体风格的把握。同时可以多做几份概念设计草稿，经过多次对比后再定稿。

游戏原画工作流程的第二步是绘制概念草图，目的是快速看到整个游戏的美术视觉效果。为了方便后期修改调整，通常用简单的线条勾绘辅以可以说明主体配色的大块颜色的叠加，在极短的时间内，就可获得大量设计稿。游

戏原画工作流程的第三步原画助理是概念设计师和三维设计师之间沟通的桥梁。原画师有着承上启下的关键地位，既要领会概念设计师的原意，又要熟悉三维制作特点，要把两者很好地衔接起来。具体工作就是根据三维美术设计师的制作要求并把概念原画师的作品具体化，角色3D化、产品化，添加色彩、细节等。游戏原画师（助理），需要绘制出三视图，并对细节加以说明，对于颜色、材质和一些参考资料都要包含在设计图中，要让三维设计人员看懂，并按照设计图来制作。原画设计稿需要的是造型设计清晰明确，内部结构走势明确，颜色色值、材质参考、细节纹样等都需要单独说明，所有设计清晰明了，图10-4到图10-6是游戏美术的工作图。

原画要想设计清晰，需要对所设计的角色有清晰的印象，然后再将其落实到纸面上。在绘制时，需要注意对游戏设定的外轮廓认识清晰准确。在游戏画面中，角色或是道具仅有手指头大小，面积这么小的角色，身上的细节几乎是看不清的，角色与角色，角色与场景的区别就在于外轮廓。众多的游戏角色在同一画面中跑动搏杀，玩家必须要第一时间知道自己的角色在哪里，是怎么的服装特点等。外轮廓也就是笔者前面章节讲到的剪影。可以从剪影造型来设计游戏角色。图10-7为SUN游戏的角色原画设计，绘制时，角色的轮廓造型需要更为明确，内部结构的切割要舒服合理。图10-8为游戏画面中角色的成品。图10-9为SUN游戏的画面效果，人物角色在整个游戏画面中的效果，非常舒服自然。

图10-4_游戏原画制作过程，经过正侧视图的设计，并最终制作出三维模型

■ 图10-4

图10-5_游戏原画效果图
图10-6_游戏角色换装的
设计。游戏中角色从低级
到高级需要进行职业服
装的设计
图10-7_SUN游戏的角色
原画设计，其造型设计将
东西方盔甲造型元素巧妙
结合，既有西方的粗犷和
力量感，也有东方的细腻
和美观

■ 图 10-5

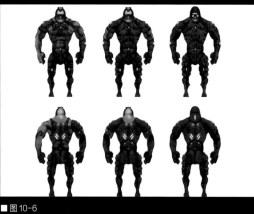
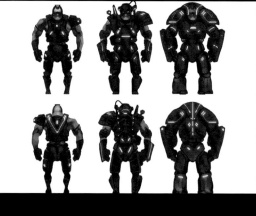

■ 图 10-6

■ 图 10-8

图10-8_游戏画面中角
色的成品。游戏需要统一
人物造型的风格,当不同
的设计师设计出人物造型
后,需要将所有人物造型
摆在一起,统一整体的造
型设计

图10-9_SUN游戏的画
面效果,人物角色在整个
游戏画面中的效果好坏是
最能检验一个人物角色设
计的成功与否的。成功的
角色设计与环境总能很
协调

■ 图 10-9

10.1.2 游戏原画设计理念

游戏的设计理念非常重要。比如设计一个城市或者空间维修站场景，大致的构图该如何把握，设计成什么时代的场景，怎样的主体造型最为合适，能体现怎样的故事情节等在场景的设置中都是必须要考虑的因素。

如图10-10，为DW大赛游戏角色设计作品。左边为角色的三维视图设计、局部和道具设计。虽然是素描稿，但设计得非常棒。运用植物、各类花瓣或者藤蔓的元素进行角色概括，提取有用的部分组合在人物身上，如角色的腰是蘑菇形的，肩膀上也附有大大小小的蘑菇，还在背部加上了藤蔓的元素。道具设计更为巧妙，运用了中国的折扇元素，在颜色上和角色的大色调保持统一。巧妙地把植物元素安排在一起，构成人形的角色，在整个造型上都是非常新鲜和吸引人的。右图为角色效果图。其简单的背景以及简洁明确的人物绘画，都很好地展现出角色设计的造型信息以及人物的职业和性格。

下面展示的是魔兽世界游戏的"银月城"场景从设计到最终制作完成的全过程，包括概念设计图、3D建模和贴图材质以及最终游戏画面效果等。图10-11为建筑结构的概念设计方案，并对其具体的细节进行了详细的设计，绘制三视图来和具体的色彩设定值，一起交给三维建模组，来完成建模。图10-12为三维模型师根据概念设计图所建的模型，部分细节三维模型师可以在建模时调整并细化设计。如图10-13，给模型添加材质贴图，贴图有时是三维人员绘制，有时是二维原画绘制，不同公司有不一样安排。图10-14和图10-15为三维模型内贴图渲染出的画面效果。

图10-16为魔兽世界游戏画面效果。整个画面色调和谐美观，紫红色与金黄色的搭配，以及角色的服装颜色，都极为合适，从各个位置和角度看都非常好。

图10-17为魔兽世界的游戏画面，同一地方，不同季节和时间段，不同角度，使得画面富有层次，美观大方，色彩搭配统一又有变化。如图10-18，为同一个场景，在夜晚时候的画面效果。

图10-10_DW大赛游戏角色设计作品

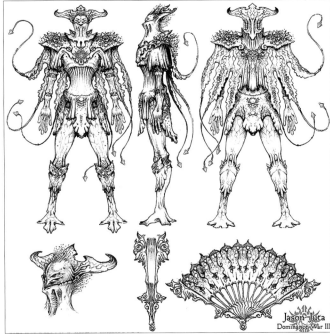

■ 图10-10

Character: Fungal Emissary
Race: Agaricales - Humanoid Fungi
Class: Clericon
Artifacts: Vegetation War Fans

Jason Juta
Dominance War III

图10-11_此图是给三维模型师建模的设计图，部分细节3D模型师可以在建模时调整并细化设计，好的三维模型师能够最准确地还原设计稿

图10-12_这是根据原画建好的三维模型

图10-13_为三维模型贴上贴图和材质，一切需要忠于原画，按照原画设计稿的颜色和材质来建模

图10-14_三维模型内贴图渲染出的画面效果，场景在造型和颜色上做到统一并忠于原画

图10-15_在原模型基础上，种植树木植被

图10-16_为魔兽世界游戏画面效果，其场景造型和光效较好地还原了原画设计稿

图10-17_魔兽世界游戏中同一个场景，在不同时间段和角度，带给玩家的视觉感受完全不同

图10-18_为魔兽世界游戏同一个场景在夜晚的画面视觉效果

■ 图10-11

■ 图10-12

■ 图10-13

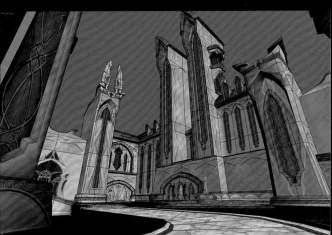

■ 图10-14

■ 图10-15

■ 图10-16

■ 图10-17

■ 图10-18

10.1.3 游戏画面分析欣赏

要使游戏视觉达到最佳状态，画面的造型、质感、环境和光照至关重要。玩家在玩游戏时，镜头画面不断移动，实时游戏环境中的构图与照片或绘画等与静态图像存在差异。玩家在三维空间中移动，每帧都需要全新的构图画面。这种情形与电影拍摄相似，不同之处在于游戏中的镜头方向全由玩家控制。因此，设计师无法保证玩家会在某个特定的时刻朝预想的方向看。真正的游戏艺术总监，应该用设计的方式引导玩家关注希望他看到的地方。

国内游戏画面视觉效果会受程序、策划还有资金周期等因素的影响，使画面效果并不尽如人意。游戏视觉效果最直接地体现在游戏场景中，反映画面视觉风格的构架。国内的武侠仙侠风网游较多，风格也不尽相同，要想在众多雷同的网游中脱颖而出，最重要的是要尊重游戏玩家的感受。游戏原画设计师应该以玩家的心态去设计游戏，让画面尽可能表现出影视级别的效果，而不是片面追求复杂繁琐的华丽造型。下面笔者从整个游戏视觉的角度对游戏原画进行分析。

1. 设计元素

设计元素是游戏美术设计师的图像工具，设计元素共有7种：线条、物体、大小、空间、颜色、质感和色值。

线条可用于定义物体的形状、外形或轮廓。线条包含长度和方向，对观察者的视觉冲击取决于其延伸的角度。线条分为四种：水平、垂直、倾斜和曲线。水平线暗示着场景安详宁静，垂直线传达力量和强势，斜线代表移动或改变，而曲线则给人安静祥和的感觉。线条可用于引导玩家注视某个特定的方向。

物体既可以通过线条的组合来构建，也可以通过颜色或色调的改变来塑造。以下是各种不同的物体：几何体——人造建筑物；有机体——自然生物；静态——稳定、不移动的物体，多指游戏中的山、树或者陈设；动态——移动的角色或有动作的NPC。

大小可以通过各物体间的关系体现出来，没有对比便无法突显大小差异。物体间的大小差异会影响到视觉的吸引力。

空间可通过透视、遮挡、大小比例、大气密度等加以体现。

简单来说，每种颜色都是色调、色值和色度的混合结果。颜色分为暖色和冷色，大量对比都可以通过颜色来实现，如运用不同的颜色来对比近处的游戏场景氛围和远处的场景氛围。

质感指的是外表的视觉效果。粗糙、光滑、崎岖不平等均属质感，这里体现的是游戏模型的材质，画面中场景占用的面积最大，要认真对待游戏画面中的贴图质量。

色值代表物体、阴影或颜色的亮暗程度。增加白色或黑色以及增加或减少光照的色度都可以使色值有所变化。光源的位置及其亮暗程度均对场景的外观和玩家的情感响应有重大影响。

2. 设计原则

设计原则指的是在游戏画面中有效安排设计元素所采取的技术手段。设计原则包括平衡、方向、强调、比例、韵律、简化和统一。由于游戏画面中需要融合各种不同元素，因而游戏美术师在游戏视觉画中会使用多种原则。理解这些原则并将其运用于游戏关卡设计中，可以更有效地制作出所需的视觉效果，并向玩家传达设计师的想法。

平衡所取得的效果是玩家的视线会自觉聚焦到屏幕左右两侧的中心点上，这种效果可通过合理安排两侧的元素来实现。

设计师使用的所有元素都有着对应的视觉重量，视觉重量与颜色、色值和大小有关。暗色元素的视觉重量高于淡色元素，大型元素的视觉重量高于小型元素。维持视觉平衡需要在视觉焦点两侧适当距离处放置恰当数量的"重"元素和"轻"元素。平衡屏幕上的元素可采用两种方法：对称和不对称。如图10-19，相同元素帐篷运用不对称的方式产生对比，形成不对称的摆放。

对称平衡看起来较为顺眼，给人平静安稳的感觉。对称平衡包括三种类型：平行对称、转动对称和轴对称。在平行对称中，所有同等高度的元素从右向左依次排开。转动对称是指所有元素围绕共同的中心转动。轴对称即保持焦点两侧的元素平衡。

不对称平衡通过在焦点周围不规则摆放各种不同大小和视觉重量的元素来实现，这些元素间各自保持平衡。不规则平衡的另一种形式是用某个大型元素来与许多小型和视觉重量较轻的元素保持平衡。不对称构图通常传达视觉上的紧张感，给玩家情感带来的影响与对称平衡相反，它逐渐灌输的是激动、好奇或焦虑的感觉。

方向可通过调整元素的位置、角度和分布点来实现。设计师可在构图中利用方向产生的视觉动向来引导玩家的注意力，更确切地说，方向可以让玩家按照设计师的想法移动。方向还可以用于强调某个地点或某片区域的深度和广度。亮暗色值是塑造方向的利器。如图10-20运用建筑结构的线条来加强视觉的引导。

关卡中的强调指某场所的环境焦点。方向可以在区域内引导玩家，但如果场景中缺乏令其感兴趣的视觉强调点，那么整片区域将变得死气沉沉，而且游戏画面流动也会显得过快。

在游戏中，比例是指各元素之间以及与整个画面的大小关系。结构比例（如天花板与地板间的距离）功能有很多，可用于制造出视觉重点，能够给玩家带来强势感或恐惧感。

比例还包括黄金分割和九宫格（三分构图）法。在视频游戏中，由玩家控制的动态镜头使构图中运用这些比例方法较为困难，但在某些情况下依然可以用到。这些比例准则已研究数百年之久，能够给观察者带来不俗的视觉响应，因而在构图中非常重要。黄金分割比例为1:1.618，九宫格构图法是将屏幕横向及纵向三等分，在构图中位于这些交叉点的元素更为美观，如图10-21，画面中建筑的构造是根据黄金分割比例来设计的。

图10-19_相同的帐篷，运用不对称的方式摆放

图10-20_运用建筑结构线条来加强视觉的引导

图10-21_画面中建筑是根据黄金分割比例来设计的

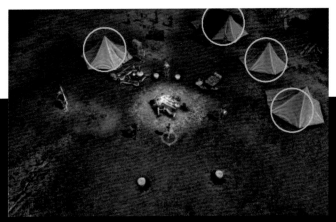
■图10-19

■图10-20

■图10-21

韵律是指视觉元素的重复出现。在游戏画面中，韵律可用于制造场景的深度和动感，或对某个物体进行强调。

在某些视频游戏的关卡中，移动、VFX和声效的频率很快，比如敌人频繁地向玩家射击等。在这种情况下，游戏画面必须读得又快又清晰。如果过于复杂、杂乱或模糊，就有可能丢失元素。此时就应当考虑"简化"画面。如果从设计的画面中移除某个元素后画面依然能够发挥作用，说明简化的画面可以更有效地传达信息。设计游戏视觉时，无需加入没有作用的元素。设计师应该使用真正需要的东西，尽量优化画面。如图10-22，当激烈的运动画面出现时，周围元素的设计要尽量概括统一。

统一是游戏设计的最后一项原则，指的是各个游戏关卡中所有独立元素之间的关系的统一。画面中的所有元素在视觉上要成为统一体。缩小元素间的距离可以制造统一感。以设置小道具为例，在构图中小道具堆比随意摆放的道具更美观。重复也可以塑造统一感，包括颜色、大小、质感和其他元素的重复等。延伸则是更微妙的技巧，可以控制视觉的动向并有意将其引向视觉起点。如游戏中大的气候变化的处理，雪原部分与草原的过渡，雪原部分经常下雪，草原部分则不下雪只下雨，这两个地区需要做到很好的统一并自然的过渡才能让玩家不感到突兀。

图10-23为游戏SUN的画面。内景的陈设和整个环境的颜色都非常的统一舒服。

叙述这么多，可以看出概念设计不仅仅是画画这么简单，还需要大量了解相关产业的情况，如上述讲到的游戏画面视觉设计，应该从玩家的角度去反思游戏的美术设计，电影概念设计也一样。如图10-24，创作电影般的游戏画面视觉效果是游戏美术设计师的使命。

图10-22_当激烈的运动画面出现时，周围元素的设计尽量概括统一

■ 图10-22

图10-23_游戏SUN的画面。内景的陈设和整个环境的颜色都非常的统一舒服

图10-24_创作电影般的游戏画面视觉效果是游戏美术设计师的使命

■ 图10-23

■ 图10-24

10.1.4 游戏概念设计赏析

下面为大家展示游戏概念设计作品。图10-25是游戏《虚幻竞技场3》的画面，画面效果逼真，具有很强的带入感，造型设计也很独特有趣。

图10-26为该游戏的人物造型。颜色大致有三种，以灰蓝和紫红为主，服装设计注重突出女性柔美形体的特点。

《Section 8》是由Time Gate Studios开发的一款科幻题材第一人称射击游戏，图10-27为游戏宣传画，画面光影效果接近于电影级别。

图10-25_《虚幻竞技场3》的游戏画面视觉效果

图10-26_《虚幻竞技场3》的人物造型

图10-27_《Section 8》的游戏宣传画

■ 图10-25

■ 图10-26

■ 图10-27

《Infamous》是一款动作冒险游戏，玩家将扮演原本只是一名送货员的主角，体验突然获得超能力的平凡人如何面对善恶抉择的心路历程。图10-28为游戏人物设定，具体到人物服装上的纽扣甚至血迹。

越来越多的游戏制作，更注重游戏本身的内涵和文化。要想留住游戏玩家，需要用游戏中的故事情节和文化来激发玩家的浓厚兴趣。图10-29为游戏《战锤》的宣传画，是围绕游戏本身的故事情节展开的，与游戏玩家能产生共鸣，并激发玩家强烈的好奇心理，使其产生对此游戏的好感。运用漫画的方式阐述游戏中的故事情节，增强了游戏的黏性。画面具有强烈的影视镜头感，能将观众带入到游戏环境中。

图10-30为国外艺术家的绘画作品，采用了传统的油画绘制，色彩鲜亮，画风结实厚重，能体现出该游戏的题材和风格。

图10-28_《Infamous》游戏原画人物设定
图10-29_游戏《战锤》的宣传画一
图10-30_游戏《战锤》的宣传画二

■ 图10-28

■ 图10-29

■ 图10-30

10.2 电影概念设计

随着中国电影行业的发展，中国影视向海外市场的扩张以及中影和好莱坞合作项目的签订，影视行业制作流程越来越国际化了。

如今的电影市场竞争激烈，要想与好莱坞大片同台竞技，中国电影人需具有专业的电影制作水平。国内每一部影视作品，都试图带给观众与众不同的视听体验，幻想类的影视作品更注重"新""奇""特"，即题材是否新颖，效果是否神奇，造型是否特别。为了实现这些目标，电影的制作前期，必须做好完整的规划与设计，这其中，最重要

的就是概念设计。国外的幻想类影视创作非常重视概念设计，每一部幻想影视的制作前期都有很多的概念设计师提出无数的概念设计方案，利用这些方案规划出剧情、角色、场景等等具体内容。国内也开始重视电影前期的美术设计，于是相应地出现了电影概念设计师的行业需求，如图10-31所示。图10-32和图10-33均为作者的电影概念设计作品，绘制的是电影《忠烈杨家将》的战争气氛参考图，该图为导演提供视觉参考，确定了影片大的视觉风格基调，也为导演提供创作灵感。

图10-31_此图为《金陵十三钗》的场景设计图
图10-32_此图为电影《忠烈杨家将》的战争气氛参考
图10-33_此图为局部细节，表现出千军万马厮杀的场面和气氛

■ 图10-31

■ 图10-32

■ 图10-33

作为一名概念设计师，你需要在团队里工作，创作一个产品，不是一幅画作，所以设计是第一位的，其次才是艺术。绘制插画有多种艺术表达技巧和表现形式，画家可以随意选择媒介、技巧和风格来展现他的精神世界，因为任何内容和形式都可以成为"艺术"。 但是在概念设计中，关键在于"传达"而不是"表达"想法。因为设计师的工作是发明新产品，他们的作品必须很好地传达他们的想法。设计师很少像插画师一样独自工作，因为每一位设计师的工作都只是通向最终产品的一系列环节中的一环，所以设计图必须要保证其他人都能理解其中的创意。也正因为如此，在概念设计里不会有多元化的风格和技巧，反而很多绘画都很相似。速度是概念设计中的一个重要因素。由于插画的最终产品就是插画本身，所以时间有时候并不重要，一幅画用去十年的光阴，但完成后也许就是一件无价之宝。对于设计，这种情况绝对不允许出现，我们工作的目标就是在最短的时间里做出最多的创意方案。项目都是有限期的，时间就是金钱，其他部门还等着根据你的设计创意进行下一步的实施呢!

10.2.1 电影前期概念设计概述

对于动漫人来说，"概念设计"可能还是个新词。与当代艺术中的概念设计不同，电影的概念设计，指的是通过绘画、模型等方式对电影的视觉风格进行具象的设定，是从文字到图像的关键一步。

概念设计的历史其实非常久远，从早期电影时代就已经开始了。如图10-34，比如弗利兹·郎的《大都会》（Metropolis）就有自己的概念艺术家休·弗里斯，弗里斯设计了《大都会》的人物造型和华丽炫目的未来都市。

电影制作的目的是将文字形象转化为银幕上的活动影像，在这一创作过程中，准备翔实的前期概念设计是尤其关键的。前期概念设计从实际应用的角度来看，更像是一个系统化工程的规划蓝图。概念设计是把电影剧本中的文字转化为可视化的图像，它更重要的任务是要为所有参与制作的各个部门提供一个带有示意图的可行性的创作方案。

概念设计图主要是确定影片大的风格，在影片还没有具体到每个细节的时候，导演会先对影片有一个大的创意构想，通过几张或几十张主要场景情节的概念设计图来表现这一构想。概念设计图一般不会拘泥于某个情节，更多的是强调"概念"也就是影片的大的基调。概括来说就是根据剧本文字的描述绘制出导演想要的视觉画面来。

概念设计师在个人作品里表现自己想要做什么，自己设想的世界是怎样的，这些作品并不完全是为了配合电影，也包含着艺术家自己的想法。在视觉上需要具有可沟通性，只要一幅图片，就能让导演明白场景到底是怎样的，这对电影非常重要。图10-35为魔幻电影概念图，该图创作于2008年，创作中受到《指环王》中灵戒的启发，该图是为电影中反面杀手做的气氛设计，从造型和光影上做了详细的设计，也给导演提供创作灵感。

图10-34_为概念艺术家休·弗里斯设计的电影概念海报

图10-35_魔幻电影概念图

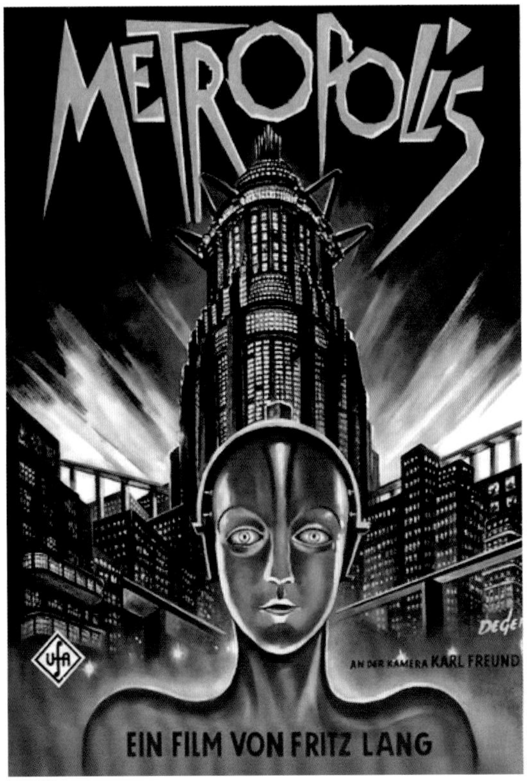

■ 图10-34

■ 图10-35

|综|合|案|例|
电影概念设计案例分析《内景》

图10-36_《内景》概念设计示范画
图10-37_黑白分布以及造型构图方案

下面笔者为大家演示电影概念设计的案例分析，这里展示的只是绘画过程。

《内景》为笔者的课堂示范的实战概念图，课题是为某部电影设计室内空间（实战设计项目）。软件为Photoshop，作画时间为2小时。主要教授黑白剪影造型、空间布局、光影分布、空间层次等等知识和绘画技法。在电影概念设计中场景氛围设计尤为重要，它能够直观传达出影片桥段的情绪，能为故事情节发展奠定基础。

如图10-36《内景》描述的是一个经济落后村落中的民窑厂。室内环境的设计和布局很清楚地向观众交代了这是一个怎样的场面，人物在室内发生了打斗，画面中有并排垂直的柱子，地上七零八落的坛子，空中悬挂的布条，以及穿透力极强的暖光。破旧的木质结构建筑以及内景陈设的一切都很明确地交代了时代背景。下面具体讲解室内设计的方法和注意事项。

步骤一，在绘制场景造型之前，笔者已经闭上眼睛构思好整个画面的样子，用最简练的方法绘制出了大致的平面构成方案来，如图10-37。

步骤二，如图10-38，用黑白两色绘制出平面元素的构成。大家可以看到画面中白色区域和黑色区域的构成形式，点线面的结合，疏密、大小、远近都做到既统一又富于变化。这里的黑就是画面中的暗调子或是背光，白就是画面中的亮调子或是受光面。大家可以看到黑白光影在画面中的构成形式影响着整个画面的效果。

■ 图10-36

■ 图10-37

步骤三,用红线绘制出九宫格,画圈圈的地方是画面中的黄金分割点,把主要的物体放在黄金分割点的附近即可。如果放在画面正中心,比较呆板。放到四周则会偏离主题。如图10-39,在构图时,可以尝试绘制这样的九宫格检验构图,这里笔者采用了这个方法安排人物的位置。利用上述的光影平面构成以及九宫格构图法,确定了画面中黑白灰的位置和造型以及其在画面中的面积大小后,开始用硬笔刷绘制建筑框架结构。如图10-40,大构图已定,开始深入室内设计。

步骤四,如图10-41,把需要在室内陈设的道具都布置在画面中。在设计初期,不知道最终效果会是怎样,脑海中的想象落在画面上也可能会出现不合适的情况。这需要我们进行大胆而不厌其烦地尝试,这里不需要考虑什么笔触、什么画风、什么效果,而是把你想要画的东西绘制出来然后并设计出不同方案,反复比较和修改找出最合适的一种。这里笔者加了一些立柱以及地面上的坛子、远景的炉子等元素。

步骤五,如图10-42,经过反复比较,最终确定了这个方案,人物的位置位于黄金分割点上,光影是设计好的构成形式,通过立柱来实现空间切割,利用坛子和炉子等说明场景的属性。

图10-38_黑白分布方案
图10-39_可以尝试绘制这样的九宫格检查构图的准确性
图10-40_大构图已定,开始深入室内设计
图10-41_把需要在室内陈设的道具都布置在画面中
图10-42_添加室内陈设以及人物动作造型

■ 图10-38

■ 图10-39

■ 图10-40

■ 图10-41

■ 图10-42

步骤六，如图10-43，用"色彩平衡工具"和"曲线工具"调节画面色调，记住是先用"色彩平衡工具"调整大色调再用"曲线工具"进行微调。用喷枪画笔绘制出暖黄色光线效果。借用调整好的色调，开始利用"吸管工具"和"画笔"进行深入刻画。如图10-44，调出颜色后开始深入绘制。

步骤七，如图10-45，从大局出发，缩小画面来观察，时刻围绕整体出发，要知道画面中缺少什么、哪里不足、哪里需要深入刻画等。

图10-43_利用"色彩平衡工具"和"曲线工具"调节画面色调

图10-44_调出颜色开始深入绘制

图10-45_围绕整体来绘制画面

■ 图10-43

■ 图10-44

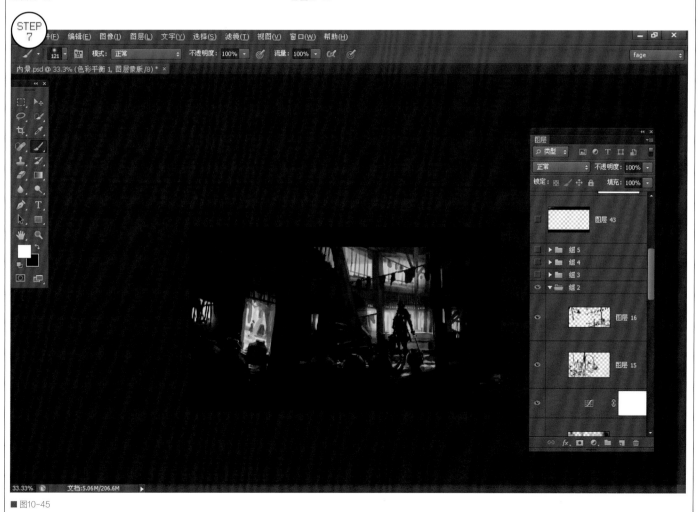

■ 图10-45

步骤八，如图10-46整体观察画面，内景该有的陈设基本都在画面上了，哪里需要修改、哪里需要调整一目了然，接下来绘画的思路是人物、近景立柱、近景坛子、地面、远景光线、门外景、画面四周暗处等。

步骤九，如图10-47，仍然是用硬笔刷绘制立柱、坛子、挂布的受光面和灰调子。

步骤十，如图10-48，用肌理笔刷绘制近景立柱的木头质感和地面泥土的肌理效果，注意地面的光斑刻画。远景窗户黑白条的设计，窗户的光线可以用减淡工具选择高光范围来提亮。

步骤十一，如图10-49立柱的肌理效果是用笔刷扫出来的，远景门外的人物绘制轮廓即可，注意还要给坛子提轮廓高光。

步骤十二，如图10-50，整体看一下画面效果，画面中的空间还没有拉开，远景和近景的暗部层次也不明显。

步骤十三，如图10-51给远景加强亮度，用喷枪画笔选择浅黄色绘制出柔柔的光感，并在地面上绘制出较暗的人影，让光感通过对比更显强烈，运用圆头小笔来绘制画面细节。

图10-46_内景陈设基本完成，接下来需要深入刻画每一细节

图10-47_仍然是用硬笔刷绘制立柱、坛子、挂布的受光面和灰调子

图10-48_立柱木头质感、地面泥土的肌理、窗户的光线等细节刻画

图10-49_绘制画面肌理和细节，添加画面高光

图10-50_画面中的空间还没有拉开，远景和近景的暗部一样暗，层次不明显

图10-51_运用圆头小笔来绘制画面细节

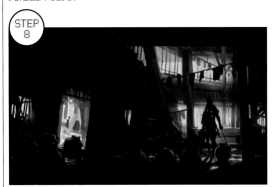

■ 图10-46

■ 图10-47

■ 图10-48

■ 图10-49

■ 图10-50

■ 图10-51

步骤十四，如图10-52，添加部分质感和细节，调整了空间的明暗关系后，画面看起来好些了，接下来还需进一步刻画人物细节，加强空间感和光感。

步骤十五，如图10-53，进一步提亮光线，结合使用"减淡工具"和喷枪画笔，并不时缩小画面来观看整体效果。

步骤十六，如图10-54，远景中的物体沉浸在金色的阳光中，光感比较柔和，远景的物体轮廓也比较模糊。而人物轮廓清晰，明暗对比强烈，在背景的衬托下比较突出。

下面是人物的具体作画过程。图10-55为人物比例剪影造型绘制。

步骤十七，图10-56为人物内在造型切割，以及暗部和受光的绘制。图10-57为融入环境中的人物，受逆光和环境反射光的影响。

图10-52_添加部分质感和细节

图10-53_进一步提亮光线，用"减淡工具"和喷枪画笔结合来绘制

图10-54_描绘室内的光影效果，并绘制高光和阴影细节

图10-55_人物比例剪影造型绘制

图10-56_内在造型切割，以及暗部和受光的绘制

图10-57_融入环境中的人物，受逆光和环境反射光影响

■ 图10-52

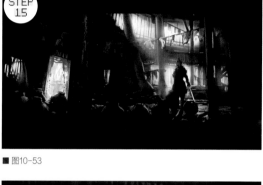

■ 图10-53

■ 图10-54

■ 图10-55

■ 图10-56

■ 图10-57

步骤十八，如图10-58在大环境色彩和明暗关系统一的情况下，细化人物，添加过渡调子和质感高光以及特征鲜明的红色绸带。

步骤十九，如图10-59绘制室内场景中的陈设，如地上的坛子、立柱、室内窗户、架子以及锅炉等，来增添场景内容，绘制门外的人物轮廓。

步骤二十，如图10-60进一步绘制室内光效，用喷枪画笔绘制出室内远景柔和的暖光效果和门外较亮的光感。还需绘制坛子的高光点以及地面较亮的细节。

步骤二十一，如图10-61绘制以画面右上角的窗户中投射进来的光线照射在物体上的高光。整体看一下这张室内画的效果，光影表现充分，画面气氛已经表达出来，接下来需进一步调整人物细节，提亮地面上陈设的暗部细节。

步骤二十二，如图10-62，收尾阶段，细化人物造型，用"减淡工具"选择暗部，提亮道具暗部的反光，使画面的暗部产生空气的通透感，切勿暗部一片死黑。

图10-58_细化人物，添加画面的过渡调子
图10-59_绘制室内场景中的陈设，如坛子、立柱、室内窗户、架子以及锅炉等
图10-60_进一步绘制室内光效
图10-61_绘制物体高光
图10-62_调整光线，细化人物，电影概念图绘制完成

■ 图10-58

■ 图10-59

■ 图10-60

■ 图10-61

■ 图10-62

10.2.2 数字绘景

Matte Painting，简称即MP，国内翻译成"数字接景绘画"，简称"接景绘画"，从技术角度说应当是"遮罩绘画"，更直观地说是"场景绘画"，而眼下国内影视圈更喜欢称之为"数字绘景"。MP是影视后期工作的一种。为影视拍摄中为有绿布的地方做数字虚拟影像，这种情况多数为静止不动的背景；也可以是绘制运动角度变动较小的场景，这种情况多数为特效大场景。

MP的出现降低了影视美术的制作成本，避免了不必要的人力、物力、财力的浪费。以合理的价格用数字影像的方式，高效完美地绘制出更为壮美的大场景，而这些影像中的场景多数是在现实中无法实现的。随着好莱坞式大片幻想题材的盛行，数字虚拟影像应运而生。MP需求也逐渐增大，每一部大片几乎都会用到MP，多者甚至需要数百个MP特效镜头。图10-63为外国艺术家的Matte Painting作品，该作品运用图片素材合成，并且运用图像软件调节其素材的透视、光影、色调等，让各个照片素材能够整体融合统一，形成一张完整的画面。

MP实际工作是这样的，电影拍摄前期，电影美术师会与后期特效人员进行密切的沟通，电影美术师在设计场景时会给予后期人员一些影片美术风格参考。考虑到资金问题，在电影美术师实际设计场景搭建时，真实场景不会建筑完整，必定会有绿布而真实搭建的场景一般是演员表演的地方，演员需要与场景互动。未完成的地方会用绿布代替，然后交给后期处理。电影概念设计师会给予后期人员一些设计方案。后期人员便根据设计方案来实施。因为后期特效多数以公司承接项目的形式参与，为了更加有效地合作，需要后期人员跟组参与拍摄，并按照概念设计师的方案来制作。MP数字绘景师以概念设计方案以及现场拍摄的影像资料为依据，与其他后期特效制作者，如模型师、特效师、动画师等进行合作。完成MP项目需要经常跟导演、美术指导、概念设计师沟通，在艺术上需要了解大场景的透视、气氛、色彩、光影、纹理材质处理技术、2D与3D相结合，能够跟导演、概念设计师、模型师、特效师等创作人员进行交流，一个顶级的Matte Painting至少可以将后三者兼任。MP的技术需求主要使用的软件包括：图像合成软件（Photoshop、Painter、Pixelmator、Photo Collage等），三维制作软件（Blender、3ds Max、Maya、Vue、ZBrush、Mud、SketchUp等），后期合成软件（NUKE、After Effects、Shake、Fusion、Final Cut等）。

MP从业者需要艺术与技术都过硬。此行业在2007到2008年间在国内获得飞速发展。在2010年后，因为网络教程和技术的传播，让更多的人接触并学习到这一技术。至今，已有不少人会MP技术，但在艺术水平上还有所欠缺。真正能够制作出高质量的MP画面的人才还是凤毛麟角。同时拥有MP艺术与技术的牛人自然是国际大影视特效公司高薪争抢的人才，未来的发展一片大好。

图10-64为国外数字绘景师绘制的作品。在绘制MP时，多运用高清照片素材。MP影片要在电影院中放映，因此图片的像素要足够大。在处理照片素材时需要的不仅仅是Photoshop的高技巧运用，更需要真实表现场景的透视、造型、色彩、光影、质感的能力。如图10-65，黑色部分为影片中实景拍摄的，绘制的部分是数字绘景。再用后期合成软件如AE、NUKE等，抠去绿布，将做好的MP图分好图层合成在真实拍摄的影像中。

在绘制时，需要注意照片素材的像素是多少，照片像素一定要接近实拍影像的像素。在光线、色调和透视上都要以实拍影像为依据。比如整个拍摄素材是一个夜戏，就需要绘景师将素材也做出夜晚效果，与实拍影像匹配。

图10-63_外国艺术家的 Matte Painting作品

图10-64_为国外数字绘景师绘制的作品

■ 图10-63

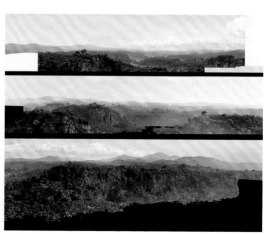

■ 图10-64

图10-65和图10-66为国外魔幻电影的数字绘景，MP作品。该作品的最终审核人是导演，认真负责的导演对MP的视觉效果有着苛刻的要求。MP的工作需要有极大的耐心。一张经过导演认可通过的MP图，需要绘景师花上数周的时间进行反复修改。与概念设计一到两天一张图的速度不同，MP高手最快也只能1个月或半个月一张图，当然MP的图都是大图而且是精细震撼的艺术品。MP的工作需要极其细心，需要仔细绘制处理宏大场面中的每一个细节，如山上的每一棵树，处理远处很小的建筑等。

图10-67为国外数字绘景艺术家创作的作品。建筑与山体完美融合，远景中的拱形怪石在透视、光线、色彩的处理上都非常和谐、真实。山体上的植物通过Photoshop软件的"图章工具"处理和衔接得很好，基本看不出笔触和涂抹的痕迹，可以做到假乱真。这组图是白天和夜晚的同一场景，在夜晚的色调调整上也考虑到色彩的冷暖关系。石头的受光面偏冷。火把的光晕处理也较为真实，水纹也是运用照片素材处理的，画面中很少有画笔的痕迹出现。照片与照片的衔接处利用修改"图章工具"和复制的方法来处理，这样可以让衔接的地方有足够的纹理材质，如果用画笔绘制，在材质和像素上都会与照片不相容，难免会有笔触涂改的痕迹，影响画面质量。

处理MP笔触痕迹时，需要大量运用照片素材来调整添加。优质的素材非常重要，很多朋友在作画时不注重找素材，所以绘制的作品没有依据，闭门造车。MP业内人士，越来越发现素材的重要性，影视公司甚至愿意花费重金购置大量图片和影视素材的使用权。

3D辅助可以帮助解决复制中的透视、比例、光影和大气密度等问题，在复杂的建筑群落绘景中，3D辅助发挥了极大的优势。多数MP绘景师需要掌握一个主流3D软件，如果能够有很棒的照片级渲染能力更好。

图10-65_为国外数字绘景师绘制的作品，白天的场景

图10-66_为国外数字绘景师绘制的作品，夜晚的场景

图10-67_为国外大师利用三维辅助方式来制作的MP图

■ 图10-65

■ 图10-66

■ 图10-67

如图10-68为国外大师绘制的MP图，该作品是为电影绘制的大全景，利用了照片素材进行合成。利用MP绘制大远景时，可以利用雾气来遮盖住照片与照片之间衔接的地方。也可以运用饱和度较低的喷枪画笔轻轻涂抹，注意不要留下笔触痕迹。

MP数字绘景是一个视觉魔术。通过PS和素材的巧妙运用，以假乱真，让观众误认为这是真实存在的。

下面给大家展示的是国外数字绘景大师们的制作流程。图10-69为完成的MP场景图，画面中山体的细节和材质保留很好，光影关系准确，运用了雾气来掩盖一些远处的细节。画面整体看不出涂改的痕迹，照片与照片之间的像素和衔接都处理得很棒，照片之间没有明显的剪贴痕迹，照片的像素大小非常合适。各种山的图片素材需要统一调整，贴图时还需要注意透视、光线、色调、比例等问题。总之要使得图片看上去很真实。

下面展示一下整体的作画过程，如图10-70，这是一张雪景照片，笔者准备将此照片作为底子，在上面进行

处理。

步骤一，如图10-71，将图片拉宽，电影镜头比例多为16：9，宽屏为2.35：1。因此选择右边区域向右拉，这样可以使照片中的色彩、光线、透视等信息在右边延伸的区域保留下来，后面修改时可以以此作为依据。

步骤二，图10-72，下面开始处理明暗调子并贴照片，注意所有的照片的明暗度要统一，在远处加一下云雾，处理得朦胧一些，尽可能遮盖住照片的处理痕迹。

步骤三，如图10-73，将照片素材添加到地面上，注意地面碎石的大小和透视关系，突出近大远小的关系，疏密得当，地面与山体的衔接可以用"修改图章"进行融合。

下面是电影实战案例分析。图10-74为电影实际拍摄影像，黑色的地方抠除掉，那些是穿帮的地方，要对远景重新进行数字绘景。

如图10-75，绘景师借用已经实拍的影像信息，制作出与之相符的远景建筑城市，运用一些镜头来模糊照片处理痕迹，使镜头看起来更真实。

■ 图10-68

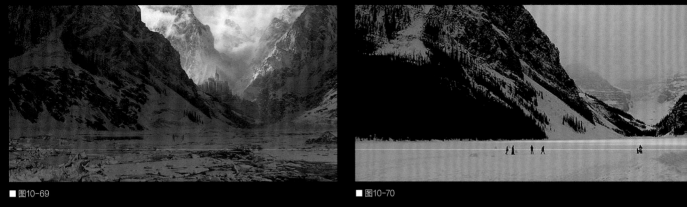

■ 图10-69

■ 图10-70

STEP
1

STEP
2

■ 图10-71

■ 图10-72

STEP
3

■ 图10-73

图10-74_该图为拍摄的
实景影像
图10-75_绘景师借用已
经实拍的影像信息，制作
出与之相符的远景建筑城
市的MP

DIGITAL
PAINTING DESIGN

自学篇

CHAPTER 11
答疑

本章是对本书的总结，也是给CG数字绘画行业充满期望的新人和老人的一些行业经验，是笔者个人关于CG数字绘画行业的职业发展、目标和动力的一些见解。给予新人自学CG的引导和帮助，给予职场人士一些诚心忠告。希望本章能切实解决读者的困扰。

本章概述

讲解从事绘画行业应该如何鉴赏画，如何画好画。分享了从业者行业中定位自己以及做好职业规划等行业经验。新人朋友可以在本章中了解CG数字绘画的更多关于学习渠道、自学方法以及注意事项等的真诚建议。

本章重点

学会看画，根据行业要求、工作性质来分析设计作品的好坏。应该从应用、受众、内容、形式等不同方面来辩证地看待一幅作品。数字绘画从业者要学会谦虚地学习和分析，了解行业发展动向，时刻关注市场走向和未来前景，寻找自己在行业中的准确定位，实现自身的价值。学会自学，并希望读者能够在本书中学习到有用的知识。愿本书如同一盏指明灯，为您在CG行业的浪潮中，指明方向，照亮前程。

11.1 如何看画，如何画好画

一幅作品，只有先打动画作者才能与观者产生共鸣，并得到广泛的喜爱。画本身只是说话的工具，内在的思想核心才是最本质的。在本书第二章艺术形式与表现已经讲述不做赘述。告诉广大CG朋友们，画是不需要攀比的，技法也不需要比较。绘画本身是自由的。画作者很尊重每一幅付出时间和心血的作品。

初级者看画是看画的是什么东西，看完之后不做分析和思考。处于准专业阶段的中级从业者，看画一般是看绘画技法，如构图、造型设计、笔刷、颜色、细节刻画等。这是整个CG行业内最普遍的看画和分析的内容。图11-1是游戏概念设计图，需要结合其游戏原画的工作特性，以及整体美术视觉风格和游戏故事策划的要求来鉴赏。

内行人看画是看画传递出的信息和感受。在数字多媒体艺术中，相继出现不同的艺术表现媒介，其本质只是艺术家传达精神世界的载体。材料艺术、影像、互动装置等都是当代艺术品的媒介，数字绘画也是其中一种。技法是基础，是传达精神层面内容的必须手段，但不是一张画的全部。

在商业CG设计中，服务的对象是客户或者上层领导。设计的方案是否符合客户或者部门领导的要求决定了这张CG作品的好坏。其他外行人看一张概念设计作品，是无法断定其设计的好坏的，因为外行人不明白此项目的设计要求，绘画技法等仅仅是表皮。图11-2为《天堂2》的

游戏宣传画。在看这样的作品时，需要从游戏市场角度来分析，毕竟游戏宣传画的受众是大众玩家，并非专业的插画师或者艺术家，在绘制设计时需要考虑更多的是游戏玩家的心理需求。

笔者从参与的多部国际电影概念设计项目中发现，一个场景设计的成功与否不是在于技法的好坏和完成的细腻程度，这些仅仅是准专业人看到的表皮。其本质就是美术设计师的一个想法并绘制的很潦草的铅笔草图。这张草图便是商业CG设计中的核心。在概念设计中，想法是第一位的，好的想法哪怕是一张草图也是非常珍贵的。设计是包含着多年的工作经验和艺术修养的。

笔者为广大CG业内人士以及艺术专业的学生们，编写了本书，告诫大家，如果从事CG设计领域的工作，应该加强的是艺术修养和创意设计的能力，数字绘画技法是可以提升的，但真正能让你的职业发展起来是需要有很强的创意设计能力以及开阔的艺术审美眼界的。本书第二章、第四章、第五章详细介绍艺术美学以及设计原理。

如何画好画呢？

首先要会看画，会分析画，拥有较高的绘画方面的理论基础，可以通过本书中艺术修养篇吸取学习。然后从简单的造型开始临摹学习，从简单的开始画可以保持住成就感，临摹过程需要不断思考其绘画步骤和方法。接着可以写生了，临摹照片或者外出写生都可以。当拥有一定写生

绘画经验和大量的素材资料时,就可以开始尝试创作了,主要是命题创作,通过文学小说中的场面描述来绘制场景概念图。一切都需要按照正确的绘画方法,坚持不停画,反复练习并科学地分析和临摹优秀的画作。画完的作品应找业内人士指导点评。任何各种小问题无论是软件上、技术上,还是技巧上的都可以通过不断的多练来提高。结构、透视、颜色都是在累积中逐渐成长的。

设计上的提高,需要按照作者教授的方法来分析学习,设计是动脑的事情,要注意大脑的活动和保养。坚持不停看,吸收养分,如收集图片、电影、素材、教程、视频等。包括概念设计、MP、传统绘画等相关资料,其他类型也需要收集,BBC、国家地理摄影、人物时尚摄影、博物馆访谈、游戏视频、影视制作花絮等都要多看,多收集。

坚持不停思考,不断比较。在多练的过程中,需要自我总结、思考分析与优秀画作的差距在哪里,这是最重要的。

数字绘画的方法和技巧书中已经讲解和演示,接下来需要反复练习和掌握。帮助绘画进步最快的方法有三个,一个很不错的绘画环境;二是有一定的时间,每天不断地练习;三是有老师引导不断修正。

这个环境,可以是公司。如果幸运,进入一家好的公司,有优秀的前辈,并且能教你,是能学到很多东西的。但在公司多数情况是会被要求重复你会的,并且是你仅会的工作。对公司而言,是需要你做你最擅长的事情。往往很多人在公司里就会重复地工作着,没有进步。即使画到一定的高度也很难改善这个现状。不排除在工作中去寻找这样的成长环境,一部分高手是这么成长起来的。这个环境也可以是学校。多数在校专业学生,以优异的高考美术成绩考上理想的学校,拥有着深厚的手绘基础,请在大学里不要荒废手绘基本功。学校品牌并不重要,主要是看个人的能力,一些不知名的学校学生反而才华横溢。校园是一个学习绘画的最佳环境,学生可以安心绘画和钻研,结合教师的教授以及实战命题训练,进步飞速。图11-3为电影概念设计工会作品,该作品是笔者在影视工作室里绘制,良好的工作环境和氛围能够让创作者更加投入。

图11-1_为激战游戏绘制的游戏原画

图11-2_为《天堂2》的游戏宣传画

图11-3_为电影概念设计工会作品

■ 图11-1

■ 图11-2

■ 图11-3

11.2 行业与就业

商业CG绘画的就业主要分为自由职业也和坐班工作两类。自由职业需要有稳定的业务来源、较强的业务执行能力和个人品牌推广能力。自由职业适合具有个人创业能力和喜好不稳定的竞争生活的人。创业要么成功要么失败需要接受现实。自由职业便是创业的一种。如果业务做得好，便可以发展壮大最后可以发展成非常出色的动漫公司。

CG绘画者如果去公司求职的话，游戏、影视行业会比较好。游戏是互联网行业唯一盈利模式相对比较成熟和清晰的产业，游戏开发的利润非常高，开发游戏的大型互联网公司非常多，腾讯、网易、搜狐、迅雷、新浪、盛大、巨人、完美时空、百度、久游、金山、九称、Verycd等等都是非常有名的，另外还有非常大一批中小型互联网公司专门从事网络游戏开发。由此可见游戏行业人才需求非常旺盛。游戏公司里主要工作包括：角色设计、场景设计、宣传海报和氛围概念设计。游戏公司的制作流程是先由策划人员设计游戏的玩法，然后把实现方案交给核心的美术与程序人员，他们分别带领制作人员把想法逐渐转化成实际的产品。其中美术方面，多集中在人物设计与场景设计，较少优秀的原画可以做宣传或氛围概念。现在国内的网游多，公司开始注重宣传，画插图的高手会很受欢迎。国外单机游戏对氛围概念需求会多一些。好的设计，好的气氛图和宣传海报势必是这个精品游戏必不可缺的组成部分！如今的网页游戏势头更猛，越来越多

的人从网络游戏转到网页游戏，这是大趋势。

影视公司CG数字绘画的内容包括：概念设计、Mattepainting、故事板等。图11-4为电影概念设计作品。影视CG公司的制作流程中，影视美术是影视制作中的核心。故事板是根据导演需求绘制的连贯的镜头小稿。概念设计在前期拍摄时需要做大量工作，以确保电影的顺利完成。Mattepainting多用于影视后期制作。国内影视CG方面缺少高水准的人才，影视概念设计与游戏原画有一定区别，对人才的选择上也有着差别，专业人才缺口大，这为数字绘画专业的学生提供了广阔的就业空间。

目前电影概念设计行业还是朝阳产业，本书作者是较早从事电影概念设计工作的。目前已经拥有十几人的概念设计工作室，每年都有大量的电影设计项目。电影概念设计工会是国内最为专业的影视前期美术设计工作室。同时也培训出大量优秀的CG绘画设计人才。影视概念设计随着电影市场的发展也逐渐壮大，对电影概念设计行业的从业者来说未来发展也是一片大好。

CG绘画者可以选择自由职业，可以从事商业插画领域的工作。业务来源方面，可以跟报社、杂志社、出版社等建立长期合作关系。这需要看个人作品风格是否接近出版物的要求。有些要求抽象的绘画风格，有些则要求具象写实的绘画风格。自由职业的商业插画师在国内属少数。具有一定知名度和影响力的商业插画师可以通过自由职业取得很好的收入，绝大多数CG绘画者将商业插画作为兼职。

图11-4_为电影概念设计工会作品
图11-5_《战锤》的游戏设定，人物换装设计

11.3 自学引导

本书中，介绍的绘画技巧以及实战经验都是笔者本人几年行业经验的总结，对于学习CG的朋友来说，本书仅仅是你正确绘画训练的一个开始，如果想成为优秀的概念设计师，还需要长时间的学习和修炼。

首先要明确自己的就业方向和目标，然后根据自己想从事的领域来制定学习计划。首先要先具有进入这个行业的基本能力，进入后再进一步提高能力确保工作稳定并能应对，接下来便需要扩充能力范围，丰富知识，开阔视野，加强绘画基本功的训练。传统的学画方法，如学院派的绘画石膏、人头、静物以及风景等对即将毕业求职的学生来说，是不够的。不是这一套方法错误，只是应对不了激烈的社会竞争。

笔者这里建议广大求职者，进行有针对性的学习，比如希望做角色设计，那么就需要在几个月内进行突击学习，掌握好角色设计的基本应用技能，如基本的人物动作、五官画法、头发样式以及服装设计等。先学习到能够顺利进入行业的基本技能，再想应该怎样提高绘画以及设

计能力和艺术修养等。

当生存没有问题了，就需要提升艺术修养和手绘基本功。不应再继续重复学习同样的内容，本书中讲解了大量艺术理论和艺术修养的内容，仅仅是少量的知识，还需要进一步学习最新的知识和信息。学习过程贯穿职业生涯的始终。

在工作中要尽可能严格要求自己，切勿以完成工作为目的，要对自己负责，每一张画都要尽量让自己满意，并不是应付领导，切勿反复绘制自己擅长的领域。

游戏行业随着行业流程完善分工越来越细。图11-5是《战锤》的游戏设定和人物换装设计。国内游戏行业相对低端，在角色设计方面基本是模版化，大部分都由擅长设计服装与色彩的流水设计人员完成。如今很多在职游戏原画师都陷入这样的困境，成为了绘画工匠。要想改变现状，就要学会先改变自己，增强自己能力后再去改变自己的命运。

■ 图11-4

WARHAMMER INTRO MOVIE DIGIC
WORK IN PROGRESS PICTURES

■ 图11-5

11.4 自学方法

通过多年的学习研究和教学，笔者总结出自学数字绘画的方法，赏析——写生+临摹——创作——实战。本书内容也是考虑到读者学习顺序来安排的。通过学习本书、积极参与笔者的绘画训练，相信读者能够学习到更多的绘画知识和技能。

1. 赏析作为第一步，是指学习者要大量浏览行业相关资料，收集各类艺术作品、电影、广告、摄影、油画等资料，同时将这些资料整理归类，建立信息库，以便创作时可以调用。

2. 临摹、写生是学习过程中不可或缺的一部分，能够直接有效地学习大师的绘画方法和手段以及真实自然情况下的光影色彩变化。要在学习过程中借鉴，在分析的基础上消化、吸取。很多初学者都有个误区，刚拿起笔就想原创，是不可能创作好的，只会是浪费大量时间。

3. 创作要建立在扎实绘画技法基础之上，要学会对资料的整合应用、分析概括以及再设计。要会运用比例结构，并在自己的设计中加以应用。做到这一步不是那么简单，需要大量的命题实战训练，希望读者可以参与到笔者的网络绘画训练活动中来，一起做命题训练。

4. 实战阶段，指的是实际参加到实战项目中去实现自己的创意想法的阶段。笔者可以为大家提供实战项目的锻炼机会，多个游戏、影视的概念设计项目可供大家参与。要知道在实际项目中，创作者要经历多次的打击和消磨，才能称得上是一个成熟的CG艺术创作者。

对于自学者来说，要注意以下事项。

1. 制定学习计划并认真执行。合理利用时间，并设定自学目标和计划，可以参考笔者的命题训练活动。

2. 质与量并行，分阶段一步步规划。比如，练习素描阶段，要达到作画步骤正确、始终保持整体作画的状态、造型准确、光影结构立体、主次分明的要求，并按照这样的要求进行练习。可以在某段时间里进行大量练习，精度可以不高；旨在掌握方法，而在另一段时间里做精细的长期作品，不断磨炼耐心，不要半途而废，直到自己刻画能力有显著提升为止。

3. 寻找合适氛围的学习环境。可以找一些志同道合的朋友一起给自己设计一个圈子氛围，让学习过程不孤单，互指错误，共同进步。

4. 适时请行业前辈指点。纵然各人的美术审美有所不同，但作为一个为你把关画面的眼睛足矣，相信现在很多行业前辈都很热心帮助同好艺友。现在的网络很方便，笔者为大家架设一个很好的学习平台，要懂得合理利用这个平台，少些网络闲聊和娱乐。要收获必要有放弃的古训是永远奏效的。

后记 AFTERWORDS

新媒体的兴起必定会造就一个新的时代，语言、文字、印刷、广播、电视、互联网，数字化已经成为人类生活的重要组成部分。作为一种新的艺术形式，数字绘画有着自己独特的艺术表现语言和审美特征。

本书作者从审美、技术、传播、视觉效果等多种角度对数字绘画的特性及美学价值进行了深入研究。不难看出，作品包含了作者对现实生活的深切感受和体察，反映了新时代艺术家的思想情感和世界观。本书的出版对今后的数字艺术创作有着积极的推进作用，也必将引起更多人的关注并加入到该领域的研究与探讨之中。数字绘画所表现的是时代的精神，随着技术的不断发展，其艺术价值的提升令人期待，数字绘画必将成为艺术创作领域不可或缺的奇葩。

希望曲文强老师这本书的出版能给在数字绘画领域不断探索的艺术家们提供一个分享的平台。

————————————————————————鲁迅美术学院动画传媒学院院长
王亦飞教授

曲文强老师于2010年成立"电影概念设计工会"，是目前国内最专业的概念设计交流学习的活动俱乐部，2011年成为大连高新园区动漫产业基地扶持项目，并在同年10月成立鲁迅美术学院传媒动画学院移动新媒体实验室。曲文强老师拥有丰富的数字绘画经验，参与过多个移动新媒体项目实践，拥有系统化数字绘画教学经验。本书是曲文强老师将数字绘画从业经验和心得与大家分享。从事数字绘画设计相关工作的朋友，非常值得拥有本书。

————————————————鲁迅美术学院动画传媒学院移动新媒体实验室老师
赵奇光

数字绘画是现代电影制作中的一个必要环节，在美国电影工业中缘起并发展为一个非常专业的重要工种，属于电影前期美术设定专业范畴。中国电影制作工业中这个领域起步较晚，目前在国内已经具有一些水平较高的从业者，但数量很少，而随着制作量的增加，行业内的人才需求也是濒临一种饥饿的状态。

倚靠着中央美术学院强大的造型基础素质，数字绘画便成为数码媒体专业教学过程里的重要科目，绘画艺术创作借助数字媒体的方式得到了新的延续。其便捷高效的创作方式，让艺术家能够集中更多的精力去专注与创作本身，并创造出更多的视觉可能。

曲文强老师毕业于中央美术学院数码媒体专业，拥有较好的艺术修养和绘画基础，一直潜心研究数字绘画，并在该领域取得了不错的成绩，曾经在国内几部知名导演的大制作里担任美术前期设定的工作。本书是曲文强老师把自己学习工作和教学经验的精华内容整理后与大家分享，相信本书能够帮助到初学数字绘画的同学和朋友们。

————————————————中央美术学院设计学院数码媒体专业老师
陈卓

电影概念设计，不是"概念化"设计，其实"概念设计"并不是简单的大众商业产品设计。他不是"一般普遍性"商品特征，这里的概念主要是"原创概念"。而且这个原创概念不仅仅是视觉层面的，更多是导演层面的设计。所以这种概念的真正含义是反对概念化、类型化和模式化的概念。它要求不仅仅是场景、服装华丽而是强调唯一性。在"唯一性"的前提下也不缺少情景交融人物造型推进故事人物内心的作用。传统的电影美术设计只关心人和景物，而概念设计师更关心的是导演编剧思维。电影概念设计它所设计的不仅仅是观众没有见过的震撼的富有想象力的视觉。而更重要的是结合现今的审美甚至更前卫现代的美学理念，把电影的剧本中的文字转化为可视化的图像，为所有参与制作的各个部门提供一个制作和带有示意图的导演创作蓝图。

近几年中国大片的实践培养了一批电影概念设计师，其中该书作者曲文强就是其中比较出色的一位。文强是我2007年在做《大明宫》时候结识的一位很有才华的青年，当时他刚从中央美术学院毕业。进入我们电影美术行业以后一直勤奋努力，进步飞快。并在2008年和我一起开始钻研国外电影概念设计，一起组建了中国最早专门从事电影概念设计的团队。是我最早的工作伙伴和队友。之后我一直忙于从事美术指导及筹备我自己的电影《雪覆沙》，没有把全部时间放在概念设计上，而文强这么多年来却一直专心从事电影概念设计，每天都在钻研并在实践中为国内外很多大片做了概念设计，成为我们最早做电影概念设计团队中最系统专一的从事者。希望文强在电影概念设计这条路越走越远，也希望我们的队友情谊更加默契，一起为中国的电影贡献一点微薄之力。

————————————————导演 美术指导
董承光

中国电影工业需要从概念设计到技术执行一系列的产业链重建，电影概念设计是从文学创作到画面创作的源头，也是电影产业链不可或缺的一环。曲文强老师在电影概念创作方面，既有着深厚的手绘功底，也有着丰富的数字艺术创作经验，此书的面世，是曲文强老师多年创作经验的总结。希望这本书能够为想进入电影概念创作艺术领域的年轻人提供清晰的方向和有效的方法，更希望因为这样一批先行者的真诚付出，能够促进中国本土电影艺术创作力量的壮大，最终形成具有中国文化基因的电影概念设计风格。

————————————中国电影电视技术学会化装专业委员会专家委员
中国电影特效化装技术专家
3D电影《大闹天宫》中方特效化装负责人
王乃鹏

该书由浅入深地展示了曲文强先生作为数字艺术领域前沿性实践者的突出成就，尤其在电影概念设计有其独到的见解。相信该书的出版一定能为数字艺术教育注入新活力、为学生就业开辟新前景。

————————————————创意中国网创始人，《插画圈》杂志社社长

杨振燊

电影概念设计，作为一个新兴的美术设计领域，无疑是影视剧视觉盛宴的推波助澜的一股强大力量。在这片领域，该书作者曲文强的美术设计理念和绘画功底早已获得业内广泛认可，走在行业的最前沿，为国内众多国内外影视剧前期概念设计提供强大的美术支持。这本书也将全面为读者揭示作者多年来的辛勤结晶，揭开影视概念美术设计的神秘面纱，书中的设计理念与经验价值，都是值得我们去慢慢品味的。希望我们大家能给予电影概念设计领域的开拓者——曲文强老师更多的支持和关注，感谢他让我们的银屏绽放得更加五彩斑斓！

—————————————————— CG窝·数字艺术家园网

概念设计即是利用设计概念并以其为主线贯穿全部设计过程的设计方法。概念设计是完整而全面的设计过程，它通过设计概念将设计者繁复的感性和瞬间思维上升到统一的理性思维从而完成整个设计。

该书作者曲文强在数字艺术领域有着深厚的艺术功底和较大的影响力。他的作品视觉冲击力震撼，真实感强，气氛十足，相信读者能从中获得启发和灵感。

—————————————————————— CG部落网

概念设计是把已知概念从旧组合变为新的概念组合的一个过程，这需要扎实的功底，和立体的整合思维。该书作者曲文强在这一方面，有着深厚的功力和积淀，他的作品，多是国内外有名的商业大片，场面视觉冲击力震撼，真实感强，气氛十足，创造力极强，这源于他从事数字艺术领域日益成熟的创造力和勤奋的，孜孜不倦的绘画训练。如今，他将他的绘画从业经验和宝贵的学习经验，心得体会毫无保留地与大家分享，相信读者一定可以从中获得启发，找到属于自己的灵感。

——————————————————— 原画人CG艺术家联盟